T0089695

LAS MIL CARAS DE LA
LUNA

LAS MIL CARAS DE LA LUNA

Eva Villaver

Edición de Miguel A. Delgado y prólogo de Mario Livio

Editado por HarperCollins Ibérica, S.A.
Núñez de Balboa, 56
28001 Madrid

Las mil caras de la Luna

Diseño de cubierta: Compañía
Imagen de cubierta: Agefotostock

I.S.B.N.: 978-84-9139-368-9
Depósito legal: M-13090-2019
Impreso en España por: RODESA

Distribuidor para España: SGEL

Como no me decido entre los que llegaron antes (mis padres)
o los que vienen después (mis sobrinos),
me quedo con el del medio

a Mario, mi hermano

Índice

Prólogo

En 1817, lord Byron escribió en un poema una estrofa que dice:

Así es, no volveremos a vagar
Tan tarde en la noche,
Aunque el corazón siga amando
Y la luna conserve el mismo brillo.

Byron quería expresar en él el hecho de que ningún otro fenómeno natural u objeto ha inspirado tantos sentimientos románticos como la Luna. Por una parte, la Luna es el único cuerpo celeste que el ser humano ha pisado y es objetivo de numerosas misiones espaciales e investigaciones y, por otra parte, ha sido fuente inagotable de mitos, poesía y simbolismo. Eva Villaver consigue plasmar en su libro, con gran belleza, esta cautivadora dualidad.

Durante miles de años los astrónomos han estado fascinados por la capacidad de la Luna para crecer y menguar. Incluso Shakespeare prestó atención a esto. En *Romeo y Julieta*, cuando Romeo declara: *Señora, juro por esa luna bendita, que corona de plata las copas de estos árboles frutales...*, Julieta responde rápidamente: *¡Oh! No jures por la luna, por la inconstante luna, que cada mes cambia al girar en su órbita.* Pero la apariencia cambiante de la Luna es más que una mera curiosidad. La observación de que Venus exhibe las mismas fases cambiantes que la Luna puso de manera inequívoca el primer clavo en el ataúd del sistema ptolemaico centrado en la Tierra.

La Luna fue el primer objeto celestial hacia el cual Galileo dirigió su famoso telescopio. Su descubrimiento de que la superficie lunar es escarpada y muy parecida a *la faz de la Tierra* ayudó a acabar con la visión aristotélica de una esfera celestial sacrosanta, inmutable, y de la existencia de cualidades «terrestres» y «celestiales» diferenciadas. Este fue el primer paso significativo hacia una unificación de las leyes de la naturaleza.

Nuestra Luna es mucho más que una fuente de luz que ilumina la noche en la Tierra. Su tamaño es responsable del hecho de que el eje de giro de la Tierra sea estable en el espacio. En contraste, el eje de giro de Marte está sujeto a inestabilidades caóticas. La estabilidad del eje de rotación puede haber jugado un papel importante en el hecho de que la vida surgiese y sobreviviese en la Tierra. La Luna también puede haber jugado un rol diferente, más «sutil», en la evolución de la vida en la Tierra, como el poeta inglés Christopher Fry dejó escrito con humor en su obra de 1950 *The Lady's Not for Burning*:

La luna no es sino
Un afrodisíaco circunvalatorio
Divinamente subsidiado para provocar en el mundo
Un aumento de la tasa de natalidad.

La Luna ha hecho, y aún puede hacer mucho más, para ayudarnos a comprender el universo. Por ejemplo, los astronautas del *Apolo* colocaron en la Luna un conjunto de retrorreflectores (básicamente espejos), y los investigadores han estado enviando rayos láser a esos espejos. Esto ha permitido una medición extraordinariamente precisa de la distancia a la Luna, confirmando así la teoría general de la relatividad de Einstein.

La cara oculta de la Luna proporciona un entorno con muy poca interferencia de radiofrecuencia. Como resulta que las observaciones de radio de baja frecuencia pueden permitirnos explorar el estado del universo en sus orígenes, la cara oculta de la Luna es un escenario muy prometedor para futuras investigaciones cosmológicas.

Para concluir, espero que todos aquellos que lean este libro acaben convertidos en lunáticos en el mejor sentido del término, arrastrados a un viaje mágico de ciencia, literatura, poesía, filosofía y arte de ida y vuelta a la Luna. Se sentirán como la poeta contemporánea Kathleen Ossip, quien en su reciente poema «Final» se preguntaba: *¿Sigue hablándome la Luna?*, para acto seguido responder: *Solo todas las noches.*

Mario Livio
Astrofísico, autor de *La proporción áurea*

1. Lunáticos

Parece un tanto ridículo que Hamlet, con sus dudas sobre todo, jamás dude de la realidad de los fantasmas. Jamás cuestiona si su propia locura pudiera no ser de hecho genuina.

David Foster Wallace, *La broma infinita.*

Las medusas luna se pueden encontrar en bahías de todo el planeta. Son esas que prácticamente todos hemos visto, e incluso sufrido, alguna vez. Cuando son adultas, adquieren forma de platillo. Carecen de cerebro y son traslúcidas —se puede ver lo que han comido—, con bordes y tentáculos pálidos. Se dice que recuerdan a los fantasmas, pero los fantasmas son algo muy personal, cada cual tiene los suyos. Recuerdan más bien a la Luna, y ahí sí hemos visto todos la misma. Las medusas luna se parecen a nuestro satélite cuando lo vemos de día en el cielo. Difuso, pálido, espectral, vigilante.

A la Luna no le basta con espiar nuestros secretos en las noches más oscuras. Contemplarnos solamente mientras dormimos tiene que ser muy aburrido así que, a veces, se coloca ahí arriba también durante el día, para que no se le escape nada. Así es ella, no se pierde ni un detalle que tenga que ver con nosotros. Y nosotros la hemos incorporado como una parte más de nuestras vidas.

Dicen que la Luna podría convertirse, en el futuro, en el octavo continente. Para ello haría falta establecer bases permanentes en su superficie y habitarlas. Pero a nuestro satélite lo llevamos demasiado cerca del corazón como para reducirlo solo a otro suelo que pisamos o intentamos cultivar. Como prueba, ahí están las palabras. No existe nada que no pertenezca al lenguaje. Tenemos lunes, lunares y lunáticos, medias lunas y claros de luna. Dependiendo del tamaño de nuestros retos, o bien estamos en la luna o queremos alcanzarla; le ladramos enfadados, le pedimos aquello que nos resulta imposible, celebramos las lunas de miel (y lloramos las de hiel).

Los lunares que no están en los vestidos son manchas cutáneas cuya etimología nos indica que su origen le fue atribuido a su influjo. Viven entre nosotros todo tipo de lunáticos que pueden ser soñadores, tontos o locos. La creencia de que la Luna ejerce influencia en el comportamiento humano ha dejado huella en muchos idiomas, desde el latín *lunaticus*, al francés *lunatique* o el inglés *lunatics*. Cuando conquistó la literatura, Don Quijote se convirtió en el lunático más famoso del mundo.

La creencia en la influencia de la Luna en el comportamiento humano ha sobrevenido al antiguo divorcio entre astrología y astronomía. El daño colateral de esa separación fue que no nos pusimos de acuerdo en quién se quedaba con los niños, y parece ser que la astrología logró la custodia de la mayoría. A pesar de más de cincuenta años de estudios que demuestran que nuestro satélite no tiene ningún poder para causar desórdenes mentales, la creencia de que afecta al número de suicidios, homicidios o ingresos en hospitales psiquiátricos persiste. Un estudio de 1995 concluyó que un 81% de los profesionales de la salud mental aún creen que la gente actúa de manera extraña durante la luna llena. En el siglo XIX, en el Royal Hospital de Bethlem, de Londres, era práctica común atar, encadenar, azotar y privar de alimentos a los pacientes mentales de acuerdo con la fase que mostrase la luna en el calendario.

Se creía, además, que su influjo se dejaba sentir en los ataques de locura y epilepsia. El origen de la creencia no está claro, pero se sabe que ya existía en las antiguas Grecia y Roma. Y, como si de un juego del teléfono estropeado se tratase, la historia fue cambiando a medida que pasaba de boca a oreja, generación tras generación y, así, en la Edad Media, cuando se desconocía la causa de los ataques de rabia y epilepsia, y los hombres parecían convertirse en animales, aparecieron los hombres lobo.

En *Noche estrellada*, uno de los mejores cuadros de Vincent Van Gogh, aparece una luna prominente. Lo pintó en una institución mental, lo cual no quiere decir nada, solo que ambos estaban allí. Miguel de Cervantes dejó bien argumentado desde el principio que fue la lectura de libros de caballería la causa de la perturbación mental del querido soñador lunático Don Quijote. Shakespeare, sin embargo, atribuía en *Otelo* a la Luna la capacidad de volver una y otra vez loco al hombre:

¿Tú crees que viviría una vida de celos,
cediendo cada vez a la sospecha
con las fases de la luna? No. Estar en la duda
es tomar la decisión.

Tenemos miedo a la noche. Es un miedo con el que nacemos, no una construcción que aparezca después, mientras vivimos en sociedad; y, como mucho, conseguimos ahuyentarlo con lámparas y farolas. Ese miedo innato a la oscuridad ha sido considerado, durante mucho tiempo, una adaptación evolutiva a la existencia de depredadores nocturnos. Las especies animales que hacen vida nocturna, obviamente, tienen adaptado su comportamiento al nivel de luz, un nivel que cambia con las fases de nuestro satélite. La luna llena, de noche, es 14.000 veces más brillante que el segundo objeto que más luce en el cielo, Venus. Los leones africanos, por ejemplo, atacan con más frecuencia cuando está más oscuro. Estudios sobre sus comportamientos de caza demuestran un mayor número de asaltos, tanto a humanos como a herbívoros, cuando la luna está débil o por debajo del horizonte. Entre la puesta de sol africana y las diez de la noche es cuando los humanos muestran más actividad en Tanzania, lugar donde se hizo el estudio. Los días del mes en que más oscura está la noche entre esas horas es inmediatamente después de los días de luna llena (la Luna sale al menos una hora después del atardecer). En esos días, y entre esas horas, es cuando hay más ataques. La llegada de la luna llena implica peligro, y así se graba en el subconsciente.

El miedo a la noche nos llevó a refugiarnos en cuevas y a inventar el fuego. Quizás se encuentre ahí el origen de la Revolución Industrial. Encenderlo nos permitió dormir más tranquilos y abandonarnos a esa fase del sueño que se conoce como REM. Somos el homínido que más tiempo pasa en fase REM, no el que más duerme. En REM aprendemos a bailar y a fabricar flores de papel, se construyen los sueños y se edifican los recuerdos. Hay estudios que indican que es el tiempo en el que el cerebro desarrolla las habilidades motoras. Desde que pudimos manejar las manos, empezamos a soñar con tocar la Luna.

Todas las culturas humanas le han puesto su nombre particular. Ha sido bautizada como Diana, Artemisa, Tot, Chandra, Chang'e, Coyolxauhqui, Mujer Amarilla, Isis, Juno, Fati, Hina, Hécate, Ishtar o Nanna. Era un dios en Egipto y Mesopotamia y una diosa para los griegos, y fueron los romanos quienes comenzaron a llamarla Luna. Luna.

Los cambios de la Luna son, en realidad, una ilusión. La Luna no varía su forma, es siempre una esfera que parece cambiar de fase porque refleja la luz del Sol como un espejo sin luz propia, mientras da vueltas a nuestro planeta. Tiene una mitad siempre iluminada, aunque nosotros no siempre la veamos. Ese cambio cíclico, desde tiempos muy tempranos, está presente en mitos, leyendas y calendarios. Chandra, para los hindúes, marca el calendario ritual, protege a las almas migratorias, asegura el crecimiento de la vegetación, mueve las mareas y provoca la lluvia.

La Luna es la luz en la oscuridad. Cuando empezamos a dominar el fuego, las noches se hicieron más fáciles. Desde entonces, y hasta la invención de la lámpara de gas en 1792 y de la bombilla en 1879, la Luna fue la reina (o el rey) indiscutible de los cielos estrellados.

Luna de queso y roca

Siempre nos hemos preguntado de qué está hecha. Algunos decían que de queso, otros que de roca. Unos le veían grietas, otros océanos, y tan enamorados estábamos de esa compañera blanca, que al principio de los tiempos ni siquiera le distinguíamos los defectos y las manchas. Así la pintaban y narraban, impoluta, suave y perfecta, en nuestra cultura. Pero, como en toda historia de amor, llegó el momento en el que abrimos los ojos (en este caso, uno) y comenzamos a ver la realidad de las cosas (por el telescopio). Habíamos inventado un tubo que nos permitía, colocando un ojo en un extremo y cerrando el otro, acercarnos un poco a ella. Ese mundo perfecto se parecía un poco al nuestro; tenía sombras y mares, ¿tendría acaso seres? Al principio, estuvimos convencidos de que sí. Selenitas, los llamamos. La Luna debía estar poblada como la Tierra, no tenía ningún sentido cósmico que hubiese tanto terreno edificable vacío.

Cuando aprendimos a construir cohetes empezamos a lanzar perros, gatos, monos, moscas, arañas, tortugas y hasta ranas hacia arriba. Hasta que no estuvimos seguros de los cohetes no nos atrevimos a subir ninguno de nosotros. A Gagarin —el guapo Gagarin— lo tuvimos casi dos horas dando vueltas a la Tierra. A Leónov lo dejamos salir a dar un paseo fuera de la nave espacial; eso sí, con correa. Solo cuando nos quitamos el miedo empezamos a lanzarlos de tres en tres. El primer trío dio varias vueltas a la Luna. A los tres siguientes, los dejamos acercarse más; dos de ellos, incluso, se bajaron de la nave espacial y pisaron el suelo lunar (hasta la fecha, solo a doce humanos les hemos permitido hacerlo). Tan contentos se pusieron que, cuando descendieron por la escalera, se pasaron el tiempo dando saltos. Lo que pocos saben es que al primero, a Armstrong, lo tuvimos veinte minutos allí solo. Solo. Tan lejos. Sola también estuvo Tereshkova, pero ella en el espacio.

Johannes Kepler, famoso entre los astrónomos, hizo un viaje imaginario a la Luna en cuatro horas, la duración de un eclipse lunar, y solo necesitó una manta para cubrirse la cabeza. Antes habían llegado Luciano de Samósata en barco, Dante en una nube o Astolfo en un hipogrifo. El noble sevillano Domingo González llegó con una bandada de gansos, y aunque el fabuloso barón de Munchausen la visitó más de una vez, no fue ni será el único en hacerlo propulsado por los únicos combustibles que parecen no agotarse nunca, la curiosidad y la imaginación.

Kepler, hijo de una bruja y de un mercenario del duque de Alba, escribió el primer tratado científico sobre astronomía lunar. La mayor parte de sus familiares estaban tullidos y parece ser que a él (al menos así aparece en su libro) no le gustaban nada los alemanes gordos, prefería a las brujas. Vecinos supersticiosos denunciaron a su madre que, acusada de bruja por culpa del libro del hijo, se libró por poco de la hoguera, aunque estuvo encarcelada mucho tiempo, y encadenada al suelo durante más de un año. Su tía, argumentaba la acusación, ya había sido quemada años antes por lo mismo.

Tan solo 67 años separan la bala de cañón que Méliès, inspirado por Julio Verne, le disparó directa al ojo y el lanzamiento del *Saturno V.* Es muy probable que no quede vivo nadie que haya podido ver ambos lanzamientos, pero en esos pocos años que

Una bandada de gansos, los motores del vehículo que el intrépido Domingo González utilizó en su viaje a la Luna (*The Strange Voyage and Adventures of Domingo Gonsales, to the World in the Moon*, 1768, archive.org).

separan la ficción y la realidad, Konstantin Tsiolkovski, el precursor de la aeronáutica, construyó el puente entre la ciencia ficción y la ciencia de los viajes espaciales. De los cañones de Verne y Méliès llegamos a los cohetes Soyuz y los Falcon 9.

Julio Verne situó en el Gun Club de Baltimore la trama de su famosa aventura lunar. Este club había nacido, como sociedad, con el objetivo de perfeccionar las armas de guerra, y el viaje a la Luna surgió del aburrimiento de sus desmembrados miembros en época de paz. Construirían el cañón de los cañones para mandarle un proyectil. Verne bebió de un cuento de Edgar Allan Poe, en el que su protagonista llegaba en globo. Poe estudiaba astronomía, se había leído en detalle el libro de John Herschel, que era a su vez hijo de William y sobrino de Caroline, ambos también astrónomos. Les debemos a los tres tantas contribuciones importantes en astronomía que se le puso su nombre, *Herschel*, al telescopio sensible al universo frío más grande jamás puesto en órbita.

La primera escritora de la historia también le escribió a la Luna. Se llamaba Enheduanna, y parece ser que también fue astrónoma y abogada. Vivió hace casi cinco mil años en la región del actual Irak.

Desde que aprendimos a construir escaleras, quisimos subir al cielo. El problema era dónde sujetarlas. El poeta inglés William Blake colocó una hasta la Luna, en lo que es una metáfora de lo inalcanzable. Un niño hambriento ascendía por una planta hasta la casa de un ogro en las nubes en el cuento infantil *Jack y las habichuelas mágicas*. Mientras, el teórico ruso Tsiolkovki imaginó un cable que alcanzaba a un castillo en una órbita geoestacionaria (que gira con la Tierra y, por tanto, permanece siempre en el mismo lugar) y Arthur C. Clarke, en su novela *Las fuentes del paraíso*, conectaba la Tierra con una plataforma en órbita. La idea del ascensor espacial buscaba liberar el proceso de llegar al espacio, de tener que lanzar cohetes.

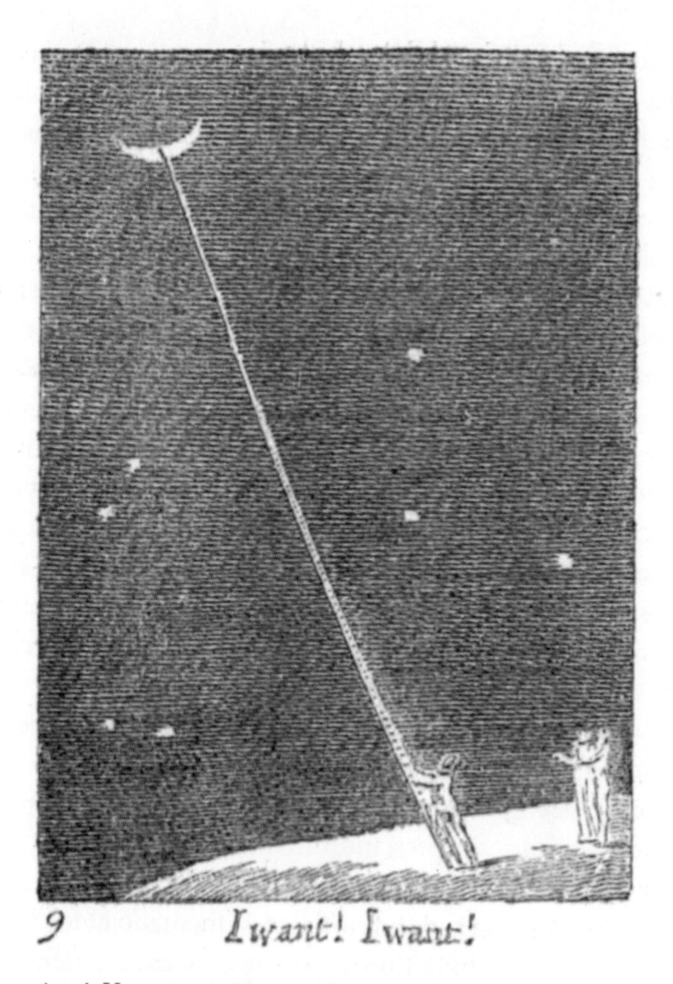

«¡Yo quiero! ¡Yo quiero!» Una escalera, la solución (y dibujo) del poeta William Blake para llegar a la Luna *(For Children: the Gates of Paradise,* 1793, Trustees of the British Museum, © Alamy Stock Photo).

De la Luna nos separa un viaje de tres días en cohete, apenas 72 horas, un fin de semana largo. Una distancia ínfima comparada con la extensión del universo conocido o la distancia a la estrella más cercana, y sin embargo ese pequeño espacio parece haberse convertido en una barrera insondable. En los últimos cincuenta años, la Luna se ha convertido en una roca inerte, antes poblada de selenitas y bosques, y ahora solo por cráteres. La frontera de la imaginación colectiva de la mano de la ciencia se ha movido más allá. Quizás hasta Marte, quizás hasta Próxima Centauri, quizás hasta otra de las fascinantes lunas que pueblan el sistema solar.

La Luna es el único lugar fuera de la Tierra donde hemos puesto los pies, exactamente veinticuatro, ni uno más ni uno menos, veinticuatro huellas (huellas que no se borran). El próximo lugar requerirá un viaje mucho más largo. Quizás un viaje solo de ida. ¿Será la Luna el único lugar en el universo adonde los humanos lleguemos con nuestros cuerpos y no con nuestros instrumentos?

La ciencia requiere imaginación, creatividad, empeño. Llegar al objeto celeste más cercano, el que tanto nos hace soñar, necesitó todos esos ingredientes. Nos empeñamos en tocar la Luna, lo conseguimos y nos trajimos unos pedacitos de vuelta. A veces los sueños se transforman en realidad. Otras veces, no.

Hemos viajado allí de muchas maneras e inventado innumerables historias para explicar su movimiento. Carros, monstruos, conejos, princesas, guerreros, rocas, espejos, cohetes... hemos ido añadiendo de todo, sin prescindir de nada de lo anterior. Todos los personajes y objetos se han ido transformado para dar vida al siguiente. El mito y la superstición han alimentado el folclore y el arte, el pensamiento abstracto y los sueños, y estos a la ciencia. Todos han sido inspirados, de un modo u otro, por la Luna. Sin ella, seríamos diferentes. En el proceso, la Luna se ha transformado de desconocido territorio de extraterrestres en belleza desolada que mantiene intactas las huellas de nuestro pasado común. Nada entre todo lo que imaginamos es tan hermoso como lo que encontramos allí. La Tierra y la Luna llevamos mucho tiempo juntas, y en ese viaje de miles de millones de años nos hemos ido distanciando. Casi cuatro centímetros al año.

De la Luna no hemos aprendido al ir, sino al volver. La Luna como puerta entre la Tierra y el cielo. Y las puertas del cielo siempre tienen que estar abiertas, porque es por donde entra la magia. También porque, de otro modo, no podríamos tener escenas de amor con Luna de fondo ni imágenes como las de Julio Cortázar en *Rayuela: Y hay una sola saliva y un solo sabor a fruta madura, y yo te siento temblar contra mí como una luna en el agua.*

2. Piedras

En marzo volvieron los gitanos. Esta vez llevaban un catalejo y una lupa del tamaño de un tambor, que exhibieron como el último descubrimiento de los judíos de Ámsterdam. Sentaron una gitana en un extremo de la aldea e instalaron el catalejo a la entrada de la carpa. Mediante el pago de cinco reales, la gente se asomaba al catalejo y veía a la gitana al alcance de su mano. «La ciencia ha eliminado las distancias», pregonaba Melquíades.

Gabriel García Márquez, *Cien años de soledad.*

Hace 841 años, un domingo de 1178 y una semana antes de la fiesta de San Juan Bautista, la actual noche de las hogueras, cinco monjes, imagino que aterrados, narraron lo siguiente al cronista medieval Gervasio, o Gervase, de Canterbury:

Había luna nueva, brillante, y como suele ocurrir en esa fase sus cuernos estaban inclinados hacia el este, y repentinamente el cuerno superior se separó en dos. Desde el punto medio de la división emergió una antorcha llameante que vomitaba, sobre una distancia considerable, fuego, brasas y chispas. Mientras tanto, el cuerpo de la luna era carcomido, por así decirlo, en la ansiedad y, para ponerlo en las palabras de los que me informaron y vieron con sus propios ojos, la luna latía como una serpiente herida. Después recuperó su estado normal. Este fenómeno se repitió una docena de veces o más, la llama asumiendo diferentes formas retorcidas al azar para después regresar a la normalidad. Entonces, después de estas transformaciones, la luna de cuerno a cuerno, esto es a lo largo de toda su longitud, adquirió un aspecto negruzco.

Los monjes —nos cuenta la crónica de Gervasio— juraron por su honor que su relato era verdad, que no habían añadido ni falseado nada, y que eso fue lo que vieron tras la puesta de sol. No hay registro de que nadie más fuese testigo de semejante espectáculo.

Quien alguna vez haya contemplado en el cielo algo diferente a la sucesión normal de los días y las noches puede hacerse una idea de lo que pudieron sentir aquellos religiosos: pánico. Porque terror quizás se quede corto para definir la magnitud del miedo de los cinco monjes de Canterbury, y más si pensamos que en su visión del mundo se creía que el apocalipsis llegaría desde el cielo. Los imagino bajo la luz tenue de un atardecer de junio, corriendo despavoridos hacia el monasterio con el hábito remangado, mientras la cruz de madera y el cinturón de cuerda saltan de un lado a otro. ¿Por qué deberían unos monjes medievales tener miedo de lo que vieron en la Luna?

Situémonos en el siglo XII, en pleno medievo, cuando el pensamiento dominante era la teología medieval cristiana, que atribuía al cielo formas perfectas e inmutables. El Sol estaba hecho de fuego, la Tierra era plana, las Sagradas Escrituras explicaban el origen de un universo que era perfecto. En ese universo ordenado y en armonía, un cambio solo podía ocurrir en la región sublunar. Lo corruptible estaba aquí abajo, en la Tierra, a nuestro lado, mientras que la región celeste permanecía inmutable. Y sin embargo, una noche cualquiera, mientras observaban lo que debía ser la enésima repetición de esa inmutabilidad que se traducía en el dibujo del arco perfecto de la luna nueva, de repente esta pareció saltar en pedazos.

En realidad, la Luna, como la Tierra, lleva saltando en pedazos desde que se formó hace 4.510 millones de años. Y aunque algunas de sus cicatrices son visibles a simple vista, sus defectos no fueron reconocibles hasta que se inventó el telescopio. El 30 de noviembre de 1609, Galileo Galilei dirigió su telescopio hacia la Luna, y fue entonces cuando registró por vez primera que tenía depresiones y montañas en forma de copa. Y que, en el momento en el que acercamos la vista, las estructuras que resultan más evidentes de la Luna son sus cráteres. La ciencia no solo había «eliminado las distancias», como decía el Melquíades de García Márquez, sino que también había descorrido la cortina que nos ocultaba su realidad: la Luna ya no era perfecta y pura.

Todo eso sucedía a finales de la era de los descubrimientos, un periodo en el que los portugueses, españoles y británicos se dedicaron a descubrir, como dice la canción de Calle 13, lo que ya estaba descubierto, recorriendo lugares del planeta donde ellos nunca habían estado antes y registrándolos en los mapas. Los mapas eran valiosos porque contenían información importante para el comercio y la navegación (además, ¿qué sería de las historias de piratas sin los mapas del tesoro?). Es natural, por tanto, que el considerado como el primer atlas de la Luna date de esa época. Lo dibujó en 1647 Jan Heweliusz (o Johannes Hevelius) desde el observatorio que levantó en el antiguo Reino de Polonia con el dinero que había hecho su familia fabricando cerveza.

Hevelius era un abogado y comerciante —llegó a ser alcalde de su ciudad— que se convirtió a la ciencia cuando un antiguo profesor, en su lecho de muerte, le animó a que consagrase su vida a la astronomía. Y Hevelius le escuchó.

Durante cinco años dedicó sus noches a observar la Luna desde el tejado de su casa en Gdansk y a dibujarla, y sus días a pasar

Jan Heweliusz (o Johannes Hevelius) haciendo sus observaciones astronómicas junto a su esposa, Elisabeth Koopman, según un grabado de la época (Wikicommons).

él mismo esos dibujos a grabados de cobre y así asegurarse de que no había errores. Hevelius se hizo tan famoso con su libro *Selenographia sive Lunae descriptio*, que incluso llegó a ser presentado al papa Inocencio X, de la familia de los Pamphili, quien afirmó que «sería un libro sin parangón si no hubiese sido escrito por un hereje»; Hevelius, como buen polaco, era seguidor de la teoría de Copérnico y estaba convencido de que la Tierra giraba alrededor del Sol. Con todo, 1647 fue un buen año para él: publicó su libro y nació la que sería su esposa y compañera de fatigas astronómicas, Elisabeth Koopman, quien tras su muerte finalizó su tarea y publicó su catálogo de estrellas, ya en 1690.

Dibujar la Luna no era un trabajo sencillo, aunque debía ser más fácil que dibujar un mapa de nuestro propio planeta. Los telescopios de la época apenas permitían ver, con mucho esfuerzo, partes aisladas de las estructuras de la superficie lunar. Había que tener mucha habilidad y buen ojo para reconstruir accidentes geográficos que cambiaban constantemente al variar la iluminación, y estar seguros de estar representando exactamente lo que se había observado. Además, debido a que la luz tiene que atravesar la atmósfera de la Tierra, los detalles de los cráteres y las montañas aparecían y desaparecían continuamente. Era como si el Greco, que había muerto poco antes, se hubiese embarcado en la pintura de un cuadro con un modelo que estuviera cambiándose continuamente de tipo de ropa y de color, y al que progresivamente cada día se le fuera iluminando una mayor parte del cuerpo, comenzando por los pies, mientras el resto seguía totalmente a oscuras. Añadamos, además, que lo hubiese hecho mirando a través de un anteojo y en Polonia, que no se caracteriza precisamente por sus noches cálidas. Si escribir teniendo las manos frías es difícil, dibujar es casi imposible. La mitad de los artistas de la época habrían abandonado el proyecto, pero Hevelius no: él había sentido la llamada de la ciencia.

Sin embargo, Hevelius no fue el primero que utilizó un telescopio para dibujar la Luna. Anteriores son los maravillosos dibujos de Galileo, Thomas Harriot y Michael Florent van Langren. Pero el de Hevelius, por su detalle y estética, fue el primero que pudo ser considerado un atlas de la Luna, y, aunque sus dibujos hayan pasado a la historia, no lo hicieron los nombres que dio a sus relieves y estructuras. Es lo que tiene construir un sistema de nombres complicados, largos y difíciles de recordar, y eso que el actual no es que sea mucho más simple. Además, como parte del pensamiento de la época, compartía la idea de que nuestro satélite debía ser similar a la Tierra y tener las mismas cosas, lo que le llevó a nombrar lo que veía con su pequeño telescopio como accidentes geográficos reconocibles. Así, en su mapa de allá arriba había pantanos, continentes, islas, bahías, rocas y marismas. Lo mismo que aquí abajo.

Los nombres que reconocemos hoy en día en la descripción de la Luna se deben al trabajo de un par de astrónomos jesuitas italianos, Giambattista Riccioli y Francesco Maria Grimaldi, que colaboraron en un mapa de la Luna publicado en 1651. En lugar de seguir la línea de Hevelius, Riccioli inventó un nuevo sistema de nomenclatura, sobre todo porque no aceptaba la visión copernicana de la similitud entre la Tierra y la Luna. Como seguidor de Tycho Brahe que era, colocaba a la Tierra en el centro del universo, y no concebía que la Luna pudiera ser, en esencia, como ella. El hecho de que el sistema de nomenclatura de Riccioli fuese aceptado por la orden jesuita hizo que se utilizase en su red de escuelas por toda Europa, lo que contribuyó a su mayor difusión.

Además de no ser seguidor de una teoría que consideraba herética, Riccioli tenía mejor mano para los nombres que Hevelius (o quizás a este todavía no se le había descongelado después de pasarse cinco años dibujando en las frías noches polacas). Utilizó nombres más fáciles de recordar y más poéticos que los de Hevelius, lo que quizás explique por qué han logrado sobrevivir al paso del tiempo. ¿Mejor estrategia de *marketing* o mayor sensibilidad? No lo sé, pero personalmente le doy la razón a la historia: prefiero el lago de los Sueños *(Lacus Somniarum)* de Riccioli al lago de Borysthenes de Hevelius (Borysthenes era el nombre antiguo del río Dniéper). El bello nombre de mar de la Tranquilidad *(Mare Tranquilitatis)*, donde aterrizó el *Apolo 11* en 1969, se lo debemos a Riccioli, que describió las áreas oscuras basálticas de la Luna como *maria* o mares. Si por Hevelius hubiese sido, el *Apolo 11* habría aterrizado en el mar de Euxine (mar Negro), y hay que reconocer que allí el «pequeño paso para el hombre» no hubiese sido lo mismo.

Aun así la selenografía, el equivalente lunar de la geografía, era una ciencia en pañales, y por mucho que se entretuvieran en nombrar los accidentes que veían con los telescopios de la época, seguían desconociéndolo todo sobre su naturaleza. ¿Estaban hechos del mismo material que los accidentes geográficos terrestres? ¿Surgieron del mismo modo? Si la Luna estaba hecha de roca, ¿de qué tipo era? ¿Era blanda? Y lo más importante: ¿estaba habitada?

La luna de hielo y los mundos en colisión

La Luna es uno de los pocos objetos celestes que todavía tenemos la capacidad de ver en las ciudades a pesar de la saturación de luz artificial. Salvo unas pocas noches al mes está siempre ahí, y aparece del modo más inesperado; para encontrarla, solo tenemos que levantar los ojos del suelo. Lo que no dejará nunca de sorprenderme es que un vecino aparentemente tan inofensivo desate tantas pasiones aquí abajo. Y no me refiero a la carrera en plena Guerra Fría para ver quién llegaba allí primero, que desde siempre haya sido fuente de inspiración mitológica, que un número sorprendentemente grande de personas niegue que hemos estado allí, o que haya quien afirme que afecta, incluso, a la incidencia de los ataques de gota. No, me refiero a lo perturbador que resulta que, en pleno siglo XX, fuera capaz de inspirar una *teoría* cosmológica completa de formación del todo que se conoció como «teoría del mundo de hielo».

En la Alemania de entreguerras, y en medio de un ambiente que rezumaba antiintelectualidad, se hizo popular una teoría propuesta por el ingeniero de minas austriaco Hanns Hörbiger y el astrónomo aficionado Philipp Fauth. Juntos publicaron un libro de *tan solo* 790 páginas, *Glazial-Kosmogonie,* que podría considerarse la biblia de los chiflados pero cuya teoría, llamada Welteislehre («teoría del mundo de hielo») consiguió millones de seguidores.

Todo empezó un día de finales del siglo XIX, cuando Hörbiger, mientras observaba la Luna, tuvo una epifanía que le reveló que el brillo y la rugosidad de su superficie se debían al hielo. De ahí dedujo que el hielo era la sustancia básica de todos los procesos cósmicos, materializada de forma más impresionante en la Luna, la Vía Láctea y el éter. Las lunas fascinaban a Hörbiger.

Quizás esta revelación hubiese pasado inadvertida para la historia, como tantas otras revelaciones de las mismas características (mi sobrino Daniel, con cuatro años, afirmó tajantemente que la Luna estaba hecha de queso y que tenía que estar más cerca que Murcia, porque la Luna se ve y Murcia no), si no hubiese sido porque la teoría fue adoptada rápidamente por Houston Stewart Chamberlain, filósofo e ideólogo del partido nacionalsocialista alemán. Chamberlain (que estaba casado con Eva von Bülow, hija del compositor Richard Wagner) defendió la «teoría del mundo de hielo» como la antítesis alemana a la teoría *judía* de la relatividad que Einstein había propuesto en los años veinte.

Otro factor que contribuyó a popularizar la teoría fue que Hörbiger, un tipo bastante listo que había participado en la construcción del metro de Budapest e inventado una válvula para compresores que todavía se usa hoy en día, le dio *credibilidad* al asociarse con alguien directamente vinculado al mundo de los astros, el selenógrafo Philipp Fauth. Y para dejar constancia de la repercusión que tuvo la teoría en su época, cabe mencionar que el mismísimo Heinrich Himmler (uno de los hombres más poderosos de la Alemania nazi y uno de los responsables directos del Holocausto) acabó concediendo el título de profesor universitario a Fauth, a pesar de que nunca había dado una sola clase ni recibido un doctorado. Entre los seguidores de la «teoría del mundo de hielo» había ingenieros, físicos, hombres de negocios y funcionarios públicos. Además, la epifanía de Hörbiger, que incluía descripciones de la destrucción de la Atlántida por la caída de lunas, fue difundida por filósofos y escritores.

Sí, las lunas se caían. Según Hörbiger, la Tierra tuvo hasta seis que, tras ser capturadas, iban cayendo poco a poco sobre nuestro planeta. La última habría sido la Luna. Ni que decir tiene que la teoría no podía probarse y que negaba absolutamente los hechos científicos. Una negación de los hechos, por cierto, que vuelve a ser el mal de nuestros días cuando vemos, por ejemplo, cómo se extiende de nuevo la creencia en una Tierra plana. Es aterrador el impacto que el esoterismo pseudocientífico puede tener en sociedades modernas sobre individuos aparentemente educados y formados en el espíritu crítico.

Los seguidores de la *Glazial-Kosmogonie* afirmaban que la superficie de la Luna estaba hecha de hielo, y cuando un famoso científico argumentó que eso no podía ser, porque la temperatura en su superficie ya había sido medida y sabíamos que podía superar los 100 ºC durante el día, la respuesta fue: «O me crees y aprendes, o serás tratado como un enemigo». La estrategia de Hörbiger consistía en que si convencía a las masas, estas ejercerían suficiente presión sobre los círculos académicos para que sus ideas fuesen finalmente aceptadas. Ayudaba, claro, que tanto Himmler como Hitler fueran seguidores entusiastas de la teoría del hielo cósmico.

Otro ejemplo más reciente de teoría pseudocientífica que fue ignorada o rechazada por la comunidad especializada, pero que tuvo gran impacto y se convirtió en un éxito de ventas entre el público general, es la «teoría de los mundos en colisión» propuesta por el médico psicólogo bielorruso Immanuel Velikovski en 1950, referente canónico además de la teoría de la demarcación[1]. Velikovski utilizaba en sus libros referencias a la mitología y las fuentes literarias pretéritas, como el Antiguo Testamento, para argumentar que la Tierra había sufrido encuentros catastróficos con otros planetas. Puso en movimiento y cambió de órbita a Saturno y a Júpiter, los gigantes del sistema solar, y a Venus y Marte, porque para que su teoría funcionase necesitaba que hubiesen cambiado de órbita en la corta historia de la humanidad.

El método científico observa los hechos y explora las conclusiones que se pueden extraer de ellos. El «método Velikovski» (y otros similares, como el del creacionismo) primero establecen conclusiones y luego buscan hechos que los apoyen y, si no los encuentran, se los inventan. Como necesitaba retorcer las leyes de la física para que se ajustasen a su modelo, Velikovski se inventó que los campos electromagnéticos ejercían una influencia importante en la dinámica celeste al contrarrestar la gravedad. Lo cual no es ni cierto ni posible.

Velikovski, antes de escribir *best sellers* altamente cuestionables bajo el paraguas de la ciencia, tenía una cierta autoridad en su campo, la psiquiatría. Había publicado varios trabajos científicos, fue discípulo de Freud y representó un papel importante en la fundación de la Universidad de Jerusalén, en Israel. Pero no tenía mucha idea de astronomía ni de física, y la mecánica celeste que proponía era físicamente imposible. Astrónomos de la talla de

---

[1] El problema de la demarcación hace referencia a la definición de los límites del concepto de ciencia y de las fronteras que separan a esta de la pseudociencia o de la religión, o la física de la metafísica. El método científico está bien definido en las ciencias naturales (química, astronomía, biología, física, geología), pero la definición de esas fronteras ha mantenido ocupados a grandes pensadores en los últimos siglos, y en el caso de las ciencias sociales se vuelve especialmente difusa.

Cecilia Payne-Gaposchkin (quien afirmó por primera vez que las estrellas estaban compuestas fundamentalmente de hidrógeno o helio, en contra de la creencia de la época, que aseguraba que no existían diferencias elementales entre el Sol y la Tierra) o Harlow Shapley (que fue director del observatorio de Harvard, estimó por primera vez el tamaño de la Vía Láctea y propuso el concepto de «zona habitable»), criticaron duramente la decisión de la editorial Macmillan, especializada en libros de texto, de publicar el trabajo de Velikovski.

En una época en que, en nuestras sociedades tecnológicas, vivimos inmersos en las consecuencias de manipular y entender la realidad física, es inquietante encontrar tanta negación de los mundos que construimos con ese mismo entendimiento. ¿Desinformación? ¿Desidia? ¿Ignorancia? ¿Confusión? Quizás un poco de todo o nada de lo anterior, quizás simplemente surja de una necesidad humana de creer, creer en algo, lo que sea, que nos observan unos extraterrestres con forma de reptil y venidos de Marte o que otros seres distintos de los egipcios construyeron las pirámides (siempre me ha parecido muy injusto que, con todo lo que les costó construirlas, encima les quiten el mérito). O que todo está hecho de hielo. Como decían en la serie de ciencia ficción *Expediente X*: «Quiero creer» *(I want to believe)*. Esa necesidad de tener certezas o esperanza es algo que la ciencia, de algún modo, no es capaz de proporcionar a muchos, pese a haber demostrado, salvo por unos cuantos incidentes graves, que es digna de confianza.

El motivo también podría ser que la ciencia proporciona una narrativa mutable y construye una historia que solo es válida temporalmente. La ciencia dice: «Esto es lo que mejor encaja con todo lo que sabemos hasta ahora». Así es como pensamos que algo funciona, pero los científicos estamos continuamente buscando nuevas narrativas, porque siempre hay algo que no ajusta del todo bien. En eso consiste la exploración de la frontera del conocimiento, en ir siempre más allá, no en pensar que ya hemos llegado. A lo Groucho

Marx, diríamos: «Estas son mis teorías, pero si no *encajan* busco otras» (cuidado, que no he dicho «si no te gustan», que es lo que hubiese dicho Groucho). Porque parece ser que esto, la ausencia de certezas, es algo que genera desasosiego a mucha gente. Cualquier vendedor de crecepelo que proporcione certezas, aunque sus afirmaciones estén totalmente vacías por detrás, adquiere de inmediato mayor credibilidad que una comunidad de científicos a los que se tacha de ortodoxos. Científicos que a menudo se mueven por aspiraciones tan prosaicas como descubrir algo que sea tan relevante para la ciencia que merezca que un cráter lunar, un agujero a 350.000 kilómetros de distancia, o un asteroide, un trozo de roca que flota en el espacio, lleven su nombre.

Caen rocas del cielo

Los galos solo temen una cosa: que el cielo se desplome sobre sus cabezas.

Astérix.

Antes de hablar de cráteres y asteroides, y antes de regresar a los monjes de Canterbury y a la terrorífica explosión de la luna nueva, es importante puntualizar que, en nuestra cultura, la idea de que estamos conectados con el espacio exterior a través de rocas que pueden caer sobre nuestras cabezas es relativamente nueva. En civilizaciones antiguas como la hitita, la griega y la china sí hay registros históricos de «rocas que caen del cielo». Sin embargo, en el medievo europeo no había cabida para semejante fenómeno. En su concepción de un cielo perfecto e inmutable, resultaba impensable que por ahí fuera flotaran rocas sueltas, y mucho más que pudieran caer sobre nosotros. Obviamente, bólidos, meteoroides y meteoros (los distintos nombres que se les da a las rocas que se incendian durante su entrada en la atmósfera, dependiendo de sus distintas fases de transformación) habían sido observados, pero eran considerados simplemente unos fenómenos atmosféricos más, como la niebla o el viento. Las lluvias de estrellas estaban más cerca de la lluvia que de las estrellas.

A propósito de lluvias de estrellas, una de las definiciones más bellas que nadie ha hecho jamás de la profesión de astrónoma es la de mi sobrina Vera. Con cuatro años, mientras discutía con su abuela el hecho de que su tía no sabía nada de nubes, le dijo que es porque era «doctora de estrellas», y que mi trabajo consistía en mirarlas toda la noche por si alguna se caía al suelo. Si era así, tenía que recogerla, curarla con tiritas si hacía falta y volver a colocarla en su sitio. Los doctores curan, aunque sean estrellas. La lógica de los niños es impepinable.

Las rocas espaciales más comunes tienen el tamaño de granos de arena y sus lluvias de estrellas son visibles todos los años. Pertenecen al entorno en el que nos movemos como planeta y están cayendo todo el tiempo («¡Por Tutatis!», como decían los galos de Astérix) sobre nuestras cabezas. Lo que es menos frecuente ahora, en el momento actual de la evolución del sistema solar en el que nos encontramos, es que caigan rocas grandes. Sin embargo, hasta finales del siglo XVIII no entendimos las lluvias de estrellas. En esa época apareció en la literatura la primera propuesta científica que conectaba los meteoritos con la Tierra, y la Tierra con el espacio que la rodea. En realidad, es uno de esos casos bastantes habituales en ciencia en el que se llega a la misma conclusión de manera independiente en diferentes lugares a la vez. El conocimiento ya estaba ahí pero, si había testigos de la caída de meteoritos, a menudo era gente del campo, a quienes la élite intelectual de la época daba poca credibilidad.

El cambio de mentalidad se produjo de forma relativamente rápida, en apenas veinte años, y en él intervinieron, entre otros, el abad de Siena, un botánico zoólogo prusiano, un químico inglés expatriado en Nápoles acusado de sodomizar a un sirviente, el padre de la acústica moderna y un noble francés exiliado en Londres durante la Revolución francesa. Sin olvidarnos de las piedras, algunas de las cuales llegaron a ser realmente famosas, y de que en este caso, como en muchos del pasado, son las verdaderas protagonistas de la historia: están, entre otras, la que cayó en Yorkshire (Inglaterra), la de Krasnoyarsk (Siberia), un montón que cayeron en Siena (Italia), las tres mil de L'Aigle en Francia, la de Argentina y la de Benarés (India). Solo citamos las rocas más importantes para nuestra historia, sin querer en ningún momento menospreciar al resto.

La historia, a grandes rasgos, se puede reconstruir siguiendo el rastro de esas piedras extraterrestres. En 1772, al botánico y zóologo prusiano Peter Pallas, en una de sus frecuentes expediciones, le mostraron una roca de 680 kilos de material muy similar al metal que había sido encontrada cerca de la ciudad siberiana de Krasnoyarsk, donde los habitantes locales, los tártaros, la consideraban sagrada por haber caído de los cielos. Pallas reconoció de inmediato que se trataba de una pieza singular, así que la transportó a San Petersburgo, donde trabajaba invitado directamente por la zarina Catalina II de Rusia, Catalina la Grande. Desde San Petersburgo, envió pedazos de la roca a museos y académicos de todo el mundo.

Entre los que recibieron un pedazo de la roca siberiana se encontraba Ernst Chladni. Chladni era uno de esos seres humanos brillantes capaces de hacer muchas cosas distintas y de hacerlas todas bien. Fue físico y músico, y a él se le asigna la paternidad de dos disciplinas muy distintas, la acústica y la meteorítica. Además, en sus ratos libres inventaba instrumentos musicales. Chladni, tras examinar con detalle la muestra de roca siberiana y otras similares, publicó un libro, *Sobre el origen de las masas férreas* (1794), donde argumentaba que esas rocas raras, los meteoritos, debían formarse al impactar sobre la Tierra a una velocidad demasiado grande como para ser compatible con otras explicaciones. Propuso que las rocas tenían un origen extraterrestre. O lo que es lo mismo, que venían de fuera de la Tierra. O sea, lo que ya decían los tártaros a quienes, por cierto, les habían robado su roca para romperla en pedazos y repartirla por el mundo. Eso sí, Chladni probaba el origen extraterrestre atendiendo a las propiedades físicas y químicas de la roca, y en este punto se alejaba de los tártaros, que simplemente argumentaban que la roca era sagrada.

Es importante situar la nueva propuesta de Chladni en el contexto de la visión del espacio exterior que se tenía en esa época. Entonces no se pensaba que podían existir cuerpos pequeños en el espacio más allá de la Luna. Aparte de las estrellas, los cometas, las lunas y quizás algunos vapores que emanaban de ellos, no había nada más. En ese momento no se sabía que el espacio está, literalmente, lleno de escombros.

Así, no es extraño que la idea propuesta por Chladni (el origen extraterrestre de los meteoritos) fuese objeto de burla en una comunidad científica en la que los relatos de rocas caídas del cielo eran tildados de absurdos y ridículos. De hecho, cuando el meteorito encontrado en Siberia fue exhibido en el Museo de Ciencias Naturales de Londres, llevó la etiqueta de *Masa de hierro nativo de Siberia*, no de *Roca del espacio*, que es lo que debería haber dicho. La roca siberiana, el meteorito de Krasnoyarsk, al que Chladni denominó «hierro de Pallas» en honor de quien lo había encontrado (después de los tártaros, eso sí), se convertiría con el tiempo en una roca famosa que dio nombre a toda una clase de meteoritos: las pallasitas (sí, en serio).

A pesar de la controversia, o precisamente por ella, la teoría de Chladni de que esas rocas tenían características de impactos a muy alta velocidad, y que por tanto solo podían venir del espacio, no tuvo mucha repercusión, y quién sabe si no habría sido directamente olvidada si no hubiese sido por un hecho bastante improbable: la caída de nuevas rocas del cielo, esta vez con testigos *cualificados*.

Pocos años después de la publicación del libro de Chladni, cayeron sobre la Academia de Siena, en Italia, unas piedras de origen desconocido. Aquí es donde entran el abad y el químico inglés para ayudarnos a reconstruir su origen. En esta ocasión, los testigos eran italianos y turistas británicos instruidos, porque tristemente no todos los testimonios tenían la misma credibilidad. Estos contaron cómo habían visto aparecer una gran nube de humo que se volvió roja, tras lo cual cayeron piedras al suelo.

¿Cómo podía explicarse lo que decían haber visto? La primera opción era desacreditar a los testigos, pero eran muchos, y además entre ellos había un respetable abad. Entonces, ¿qué otras explicaciones cabían para el espectáculo aterrador que acababan de presenciar? Debemos recordar que no solo vino acompañado de humo y luz, sino también de un ruido ensordecedor. En este momento, y para hacernos una idea, recomiendo visualizar el vídeo de la caída del meteorito en Rusia en febrero de 2013, porque un vídeo vale más que mil palabras. Ahora sabemos cómo explicar lo que sucedió en Rusia hace pocos años, pero a finales del siglo XVIII nadie tenía ni idea de cómo hacerlo. Repito: salvo los galos de Astérix, nadie temía que el cielo pudiese caerse sobre su cabeza (únicamente en el Juicio Final, pero esa es otra historia).

A los de Siena se les ocurrieron tres posibilidades. La primera, que quizás era polvo levantado por un rayo… No, muy raro, no había nubes, y además ¡vaya pedazo de rayo tendría que ser! La segunda, que quizás hubiesen caído piedras desde la Luna (también raro, pero tenía un poco más de sentido). Y la tercera, que tal vez hubiesen llegado desde el Vesubio, que había sufrido una erupción dieciocho horas antes. El problema es que el Vesubio se encuentra a unos 380 kilómetros; o sea, demasiado lejos como para lanzar piedras tan grandes. Y, además, está en la dirección equivocada.

El fenómeno despertó lo suficiente la curiosidad del abad de Siena, Ambrosio Soldani, como para que tuviera la idea de recoger una muestra de esas rocas y enviárselas a un químico inglés que vivía en Nápoles, Guglielmo Thomson. Guglielmo, en realidad, era el pseudónimo con el que William Thomson se había registrado en su exilio en Italia, después de que, en septiembre de 1790, desapareciese de la Universidad de Oxford por *foedissini et sodomitici criminis* debido, según él, a un malentendido con un experimento en 1786 que involucraba a un termómetro anal y al chaval sirviente del librero local.

Thomson, que normalmente trabajaba con cadáveres en sus experimentos, había tenido la oportunidad de examinar antes una de las muestras de Pallas, la roca siberiana, y llegó a la conclusión de que ambas, la de Siena y la de Pallas, tenían origen extraterrestre. El trabajo posterior de Thomson fue olvidado por la historia, es posible que debido al incidente del termómetro, pero fue el descubridor de una de las estructuras de cristalización de hierro-níquel más espectaculares y bellas de los meteoritos[2].

Pero para la confirmación definitiva del origen extraterrestre de los meteoritos aún hicieron falta más historias de rocas llovidas del cielo. Ya tenemos la de Siberia o meteorito de Pallas y las rocas caídas sobre la Academia de Siena. Vamos a por la tercera roca, la conocida como el meteorito del Wold Cottage.

El meteorito del Wold Cottage llegó a ser una roca famosa durante sus primeros veinte años de estancia en la Tierra, ya que tuvo la suerte de caer en diciembre de 1795 en la propiedad de Edward Topham, soldado, deportista y propietario de un periódico, que había decidido retirarse a la campiña de Yorkshire (Inglaterra). Topham era un caballero de honor, de los que lanzaban guantes

---

[2] Llamada Widmanstätten tras el trabajo, nunca publicado, del conde Alois von Beckh Widmanstätten (1753-1849) quien, con un mechero bunsen, reveló su estructura cristalina cuatro años después de Thomson. La estructura Widmanstätten muestra la cristalización debida a un enfriamiento extremadamente lento de la masa de metal líquido. Thomson la había encontrado tras rociar con ácido nítrico una de las muestras del meteorito de Pallas.

y retaban a duelo a quienes cuestionasen su palabra, y se dedicó a hacerle publicidad al meteorito y a recoger testimonios bajo juramento de aquellos que hubiesen visto su caída. Tranquilos: ya tenemos un testigo de honor que asegura que la roca cayó del cielo.

Sin embargo, a pesar de la acumulación de evidencias, la teoría del origen de esas rocas extrañas todavía no era aceptada por la comunidad científica. Hacían falta más pruebas. En 1800, el químico inglés autodidacta Edward Howard[3], hijo de un mercader de vino arruinado de Dublín, con la ayuda del exiliado por la Revolución francesa Jacques Louis, conde de Bournon, analizó varias rocas. Entre ellas, una que había caído cerca de Benarés, en la India, y otra conocida como el Mesón de Fiero, el meteorito más grande registrado en el siglo XIX. Se encontró al sur de Santiago del Estero, en Argentina, en la zona denominada Campo del Cielo, o Hatum Pampa, por los indígenas. Los habitantes de la Pampa, como los tártaros, tenían muy claro el origen de esas rocas extrañas; eran los europeos los que parecían tener problemas para identificar de dónde venían.

El caso es que Howard y Bournon llegaron a la conclusión de que la proporción de níquel de esas piedras era mucho mayor que el que cabía esperar en la superficie de la Tierra, añadiendo una nueva evidencia a la teoría de Chladni. Los análisis químicos de Howard fueron reproducidos en muchos países y por fin comenzaron a persuadir a la incrédula comunidad científica en Francia, Inglaterra y Alemania, de que las rocas literalmente podían llover del cielo, ya que los especímenes encontrados en diferentes partes de la Tierra se parecían entre ellos y eran distintos a cualquier otra roca de origen terrestre.

---

[3] Howard, además, descubrió de manera accidental un compuesto altamente explosivo, el fulminato de mercurio, que cuarenta años después, y durante más de ochenta, se convirtió en el detonador de explosivos de todo tipo. El fulminato de mercurio fue crucial en el desarrollo de la dinamita de Alfred Nobel.

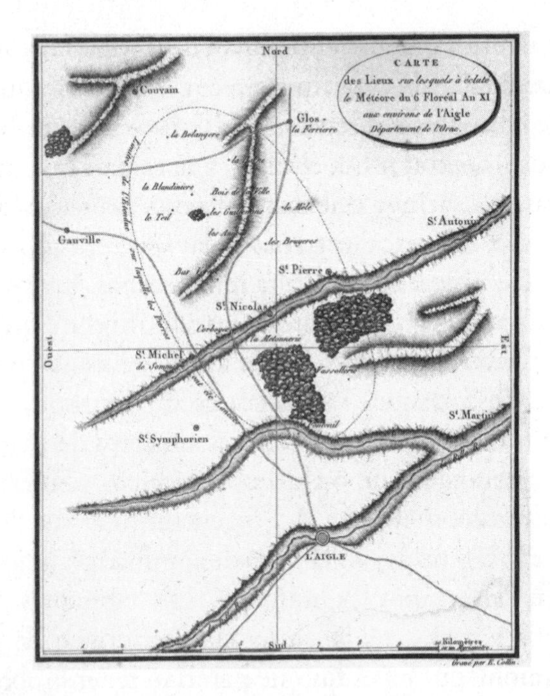

Mapa original de la región de L'Aigle, en la Baja Normandía francesa, donde se marca el área en la que se dispersaron los meteoritos caídos en 1803.

Pero el golpe de gracia definitivo se produjo en Francia en 1803. En el tumulto del París posrevolucionario comenzaron a circular con estupor y asombro rumores de una caída de piedras del cielo a 140 kilómetros al noroeste de París, en la ciudad de L'Aigle. El entonces ministro del interior francés, Chaptal, científico de profesión, envió a otro joven científico, Jean Baptiste Biot, a investigar el suceso. Biot emprendió el viaje cargado con un compás, un mapa detallado de la zona y una muestra de otro supuesto meteorito, el de Barbotan, caído el 24 de julio de 1790. Biot entrevistó a testigos laicos y ateos, viajeros y cocheros, campesinos y maestros. Recorrió poblaciones cercanas y lejanas determinando la geología del lugar y la posible existencia de artefactos humanos similares, y regresó a París con una reconstrucción de la geometría del suceso y un informe. En este informe, que presentó ante el Instituto de Francia el 17 de julio, detalló la aparición del meteoro (nombre que reciben antes de impactar sobre el suelo) y la caída de un total de ¡tres mil! piedras, y concluyó que existían dos tipos de evidencias que apoyaban su origen extraterrestre. Una, física: no existía nada en toda la región, ni creado por el ser humano ni en forma de piedra, que se pareciera a las venidas del cielo, que además eran similares a la Barbotan, caída de una forma similar. Y otra, moral: la cantidad y diversidad de profesiones, intereses, estatus social y religión de los testigos entrevistados, que coincidían en el relato de una lluvia de piedras lanzadas por el meteoro en su caída.

Volcanes en la Luna

En el momento en el que se aceptó que había rocas que podían llover del cielo, comenzó a plantearse cuál podría ser su origen, y enseguida se pensó que provenían de volcanes en la Luna. Lo cual, en aquel momento, no era una teoría descabellada. De hecho, el famoso matemático Siméon–Denis Poisson, a quien los físicos debemos, entre otras cosas, la ecuación que lleva su nombre, afirmó sobre L'Aigle que, aunque el fenómeno parecía extraño y contrario a las leyes naturales, podía ser explicado a partir de las leyes de la física, asumiendo que las piedras habían sido lanzadas desde la superficie de la Luna por una erupción o una explosión. Alguna de esas rocas podrían perfectamente haber alcanzado velocidades iniciales lo suficientemente altas como para escapar de la atracción de la Luna y ser capturadas por el campo gravitatorio terrestre. La fricción con la atmósfera habría provocado que se calentasen, e incluso que se incendiaran.

Para sustentar su teoría, Poisson calculó la velocidad necesaria para escapar del campo gravitatorio lunar (2,3 metros por segundo), así como la que alcanzaría la roca al viajar a lo largo de la línea que conecta a la Tierra con la Luna, despreciando la resistencia del aire (9.604 metros por segundo, o 34.574 kilómetros por hora). Biot, el joven científico que investigó el fenómeno *in situ*, y Poisson, el gran matemático, llegaron a números similares, teniendo en cuenta la incertidumbre asociada a que no se conocía la masa de la Luna con exactitud.

Hoy en día sabemos que unas cinco toneladas de material extraterrestre penetran cada día en la atmósfera de la Tierra. Lo hacen en forma de pequeñas partículas de material sólido, la mayoría más pequeñas que un grano de arena. Sus parientes más grandes, los meteoritos y los asteroides, son las piezas de lego con las que se construyen los planetas. Las que sobran y no se incorporan a cuerpos más grandes, quedan flotando en el espacio. Sabemos que este está lleno de esas rocas de todos los tamaños, que a veces impactan en la superficie de los planetas y provocan la formación de cráteres. La superficie de la Luna está plagada de estos impactos.

En 1976, casi ochocientos años después de la carrera pavorosa de los monjes de Canterbury, un geólogo norteamericano, J. P. Hartung, propuso que la peculiar explosión que habían visto los monjes podría atribuirse a la colisión de un asteroide en la cara oculta de la Luna. Fue más allá e incluso identificó el cráter que habría formado el impacto, nada más y nada menos que el conocido con el nombre de Giordano Bruno.

Giordano Bruno, en su reencarnación como accidente geográfico lunar, es un cráter de 22 kilómetros de diámetro. Es el más joven conocido, y fue descubierto por la misión soviética *Luna 3 (Lunik 3).* Toma su nombre del monje dominico filósofo, poeta, matemático y cosmólogo que, en realidad, fue quemado en la hoguera en Roma más por negar la Santísima Trinidad, la condena eterna y la virginidad de María que por argumentar que las estrellas eran soles lejanos rodeados de sus propios planetas. Al fin y al cabo esto último, demostrado hace menos de treinta años, no tenía ninguna forma de probarlo en su época.

Trabajos científicos de los últimos años tienden a desmentir la posibilidad de un impacto de asteroides en la Luna hace 800 años como origen tanto del cráter de Giordano Bruno como de la visión apocalíptica de los monjes de Canterbury. Descartar completamente esa posibilidad solo sería posible analizando una muestra de material del cráter y determinando su edad. Habría que ir a la Luna para tomar directamente una muestra, ya que las técnicas que se pueden aplicar a distancia no permiten una datación tan precisa. De cualquier manera, si el impacto ocurrió, debemos darle las gracias a nuestro satélite por haber estado ahí, porque si no habría impactado sobre la Tierra, y quizás no estaríamos aquí ahora hablando de ello. Y si no, que les pregunten a los dinosaurios.

Una hipótesis alternativa argumenta que lo que vieron los monjes, en realidad, fue un bólido entrando en nuestra propia atmósfera, que dio la casualidad de que se encontraba alineado con la posición de la Luna. Esta alternativa explicaría por qué nadie más lo vio y que no exista registro alguno de la lluvia de pequeños fragmentos de polvo que habrían llegado a la atmósfera si una colisión capaz de generar un cráter tan grande hubiese ocurrido realmente.

La mayoría de los meteoritos que han impactado contra la Tierra no viene de la Luna. Y sus volcanes, en contra de lo primero que se pensó, no son el origen de los meteoritos que caen a la Tierra. Pero eso lo veremos más adelante.

Quien sí vino de la Luna fue la princesa Kaguya. Kaguya aparece en *El cuento del cortador de bambú*, una de las leyendas más antiguas de Japón. Narra la historia de una diminuta niña de siete centímetros, encontrada por un cortador de bambú en un tallo que brillaba como la Luna. La llamó Princesa Luz de Luna y la crio como a su hija. La niña, cuando se convirtió en una mujer de tamaño normal, no quiso casarse con ninguno de sus pretendientes, entre los que se encontraba el emperador, quien se había enamorado perdidamente de ella. Con el tiempo, Kaguya, que hasta que llegó a su madurez había sido una mujer feliz, comenzó a mirar el cielo con melancolía, y no le quedó más remedio que revelar su origen a los humanos que tan bien la habían cuidado. Kaguya venía de la Luna y había llegado el día en que debía regresar a su hogar. Durante una guerra celestial, la princesa había sido enviada a la Tierra por su seguridad (hay que ver qué ingenuos eran los dioses de ese lado del mundo, si consideraban a la Tierra como un lugar seguro para enviar a su hija). Pero, antes de regresar a su hogar, la princesa entregó una carta y una botella con el elixir de la vida a un soldado, con la petición de que se las diera al emperador.

—¿Qué montaña de la Tierra es el lugar más cercano al cielo? —preguntó el emperador cuando recibió el mensaje.

—El monte Fuji —le respondieron, y allí pidió que llevasen la carta de su amada para ser quemada, con la esperanza de que, al ascender el humo, el mensaje llegase hasta la princesa. Con la carta pidió, además, que quemasen el elixir de la inmortalidad, porque no lo iba a necesitar en la Tierra si ella ya no estaba aquí.

En el gigantesco monte todavía se puede ver el humo que asciende, y que no es otra cosa que una carta de amor a la Luna.

La sonda *Kaguya* (o *Selene*) fue lanzada hacia la Luna a las 10:31:01 del 14 de septiembre del 2007 por la Agencia Espacial Japonesa de Exploración Aeroespacial (JAXA). En un año y ocho meses le dio tiempo a dar muchas vueltas a nuestro satélite y a, entre otros muchos accidentes, fotografiar el cráter Giordano Bruno. El 1 de febrero del 2009 descendió a una órbita a 50 kilómetros de altitud, para descender de nuevo el 16 de abril. Desde allí, desde el perilunio (el punto de su órbita que más la acercaba al satélite, a tan solo diez kilómetros de altura), la sonda se volvió hacia la superficie. El 10 de junio del 2009 se precipitó sobre la Luna, cerca del cráter Gill, al sur de su cara visible.

3. Tortugas

Y sin embargo, solo se trataba de enviarle un proyectil, forma brutal de entrar en relación, incluso con un satélite, pero muy en uso entre las naciones civilizadas.

Julio Verne, *De la Tierra a la Luna.*

La Tierra tiene una masa de 5.900 millones de millones de millones de toneladas. O para ser más exactos, de $5{,}9736\times10^{24}$ kilogramos. Si pudiéramos pesar a nuestro planeta en una báscula gigante, esa es la cantidad que marcaría. Es una bola un poco deformada, rellena de material y con un diámetro de 12.742 kilómetros, que se mueve alrededor del Sol a una velocidad de treinta kilómetros por segundo (más de 108.000 kilómetros por hora), mil veces más rápido que un coche en una autopista. A esa velocidad seríamos capaces de llegar a nuestras antípodas en siete minutos, a la Luna en cuatro horas y al Sol en 1.351, poco más de 56 días (lo que tarda en gestarse un perro).

La Tierra tiene unos 4.540 millones de años —eso es una tercera parte de la edad del universo—, por tanto, un ser humano podría haber nacido y muerto cincuenta millones de veces desde su formación (y quizás en alguno de esos intentos podría haber hecho las cosas bien...). Pero, en nuestra forma actual, solo llevamos unos 300.000 años sobre la superficie, según el registro fósil más antiguo encontrado en un yacimiento de Marruecos. No sirve como excusa, pero al menos tranquiliza.

La población humana actual está en torno a los 7.500 millones de personas, que viven íntegramente en la superficie del planeta, aunque en cada momento puede haber una media de medio millón a bordo de vuelos comerciales, a una altura media de entre diez y doce kilómetros. Aproximadamente un 1% de la población que trabaja en todo el planeta lo hace bajo tierra, en minas; de las más profundas, que pueden adentrarse hasta cuatro kilómetros bajo la superficie, se extrae oro. Y unos veintisiete millones de personas en todo el mundo trabajan sobre el agua, capturando pescado del mar.

Tres personas viven fuera del planeta. Lo hacen como parte de la tripulación permanente de la Estación Espacial Internacional que orbita la Tierra a unos trescientos kilómetros de altura. Tres.

La última vez que estuvimos todos en casa fue el 31 de octubre de 2000.

Para salir de la Tierra hay que coger velocidad. La Tierra nos sujeta a todos por igual: ricos, pobres, manzanas, hojas, atmósfera, misiles, gatos, elefantes, rinocerontes. La velocidad más alta alcanzada por un Fórmula 1 fueron los 372,6 kilómetros por hora que logró el piloto colombiano Juan Pablo Montoya en 2005 al volante de un McLaren-Mercedes. Para que la Tierra nos suelte tenemos que correr mucho más que un Fórmula 1, unas cien veces más rápido. Hay que alcanzar una velocidad de al menos 11,2 kilómetros por segundo, lo que significa ponerse a 40.320 kilómetros por hora. Sabemos cómo hacerlo desde hace muy poco tiempo, poco más de setenta años. Y lo hacemos usando motores cohete, los más potentes conocidos.

Hay cohetes que nos permiten salir de la Tierra y cohetes que utilizamos contra nosotros mismos. A los que enviamos contra nosotros mismos los llamamos misiles, y tenemos la cuestionable habilidad de poder lanzarlos desde y hacia cualquier punto de nuestro planeta, que también es nuestro hogar. Curiosamente, a la especie a la cual pertenecemos la hemos nombrado *Homo sapiens*, que en latín quiere decir «hombre sabio». El *Homo sapiens* es una de las varias especies que existieron en el pasado englobadas en el género *Homo*, pero somos la única que no se ha extinguido todavía, a pesar de que en los últimos setenta años hemos estado a punto de autodestruirnos varias veces, al apuntarnos a nosotros mismos con misiles con cabezas nucleares.

En toda la historia de la humanidad, unos treinta terrícolas vertebrados han escapado del campo gravitatorio terrestre. Veinticuatro de ellos, pertenecientes a la especie *Homo sapiens*, lo hicieron por elección propia. El resto fueron tortugas, y no lo eligieron.

Doce seres humanos han caminado sobre la superficie de la Luna. Veamos algunos retazos de la historia que terminó llevándonos hasta allí.

El Año Geofísico Internacional y el legado del *Sputnik*

Si en la Luna hubiese libros de historia, marcarían el 4 de octubre de 1957 como el comienzo de todo. Una fecha que apenas se recuerda, pero que abrió la puerta de salida de la superficie terrestre. Ese viernes, la Luna dejó de ser el único satélite de la Tierra. Ya no estaba sola, y no lo estaría nunca más: la Unión Soviética había lanzado con éxito el *Sputnik 1*, nuestro primer satélite artificial.

El *Sputnik 1* tenía el tamaño de un balón de playa (unos 58 centímetros de diámetro), el peso de un hombre adulto (83,6 kilos) y tardaba poco más de lo que dura una película, 98 minutos de promedio, en dar una vuelta a la Tierra. Además, iba equipado con cuatro antenas de 2,4 a 2,9 metros de longitud que, como unos finos y largos bigotes, apuntaban hacia un lado. El balón no estaba hueco, sino lleno de nitrógeno a presión. Los transmisores funcionaron durante tres semanas, hasta que fallaron las baterías químicas de a bordo, y a través de ellos la nave obtuvo información sobre la densidad y la propagación de ondas de radio en las capas altas de la atmósfera. El *Sputnik 1* dio 1.400 vueltas a la Tierra, acumulando una distancia de viaje de aproximadamente unos setenta millones de kilómetros.

El 4 de enero de 1958, justo 92 días después de su lanzamiento, ardió en la atmósfera. Pero antes, el bip-bip del *Sputnik* (que significa «compañero de viaje» en ruso) se pudo escuchar en todo el planeta.

Todo había empezado antes, aunque aún no se sabía. En 1952, los científicos de casi setenta países decidieron establecer el Año Geofísico Internacional. Se desarrollaría entre el 1 de julio de 1957 y el 31 de diciembre de 1958, y pretendía coordinar la investigación internacional de la Tierra bajo el auspicio del Consejo Internacional de Uniones Científicas[4]. Durante ese año y medio se estudiarían las auroras, los rayos cósmicos, el campo magnético, los glaciares, la gravedad terrestre, la física de las partes altas de la atmósfera (ionosfera), se determinarían la longitud y latitud terrestre con mayor precisión, se realizarían estudios del clima y de los océanos, estudios de sismología, etcétera. En suma, el proyecto internacional era ambicioso, y a él se sumaron científicos de

[4] El ahora llamado Consejo Internacional para la Ciencia fue fundado en 1931 como una organización no gubernamental dirigida hacia la cooperación para el avance de la ciencia. Su misión es identificar y abordar las cuestiones de mayor importancia para la ciencia y la sociedad, y facilitar la interacción entre los científicos de todas las disciplinas y de todos los países (https://council.science/).

67 países para medir, pesar y analizar nuestro planeta desde todos los puntos de vista posibles, coincidiendo con una etapa de actividad máxima del Sol[5]. Queríamos observarnos a nosotros mismos desde arriba, realizar un estudio sistemático de la Tierra y su entorno planetario aprovechando la perspectiva que permite tomar un poco de distancia, gracias a los avances que se habían hecho en los últimos años en lanzamiento de cohetes.

En octubre de 1954, el Consejo adoptó una resolución en la que hacía una llamada al desarrollo de satélites artificiales para ser lanzados durante el Año Geofísico Internacional, con el objetivo de mapear la superficie de la Tierra. Tanto la Unión Soviética como los Estados Unidos anunciaron su intención de desarrollar uno de esos satélites. Vanguard, el proyecto del Laboratorio de Investigación Naval de EE. UU., fue el seleccionado en 1955 por la Casa Blanca como representante estadounidense. Debía estar listo a finales de 1957, precisamente cuando la URSS puso en órbita al *Sputnik 1*.

El *Sputnik*, como logro tecnológico, superaba con creces la apuesta de EE. UU. Su tamaño era impresionante si se comparaba con el diseño del *Vanguard*, una pequeña esfera de aluminio de 16,5 centímetros que pesaba 1,6 kilos. Mientras los rusos ponían en órbita un balón de playa de casi 84 kilos, los americanos se preparaban para lanzar un pomelo (como lo llamó el primer

---

[5] El ciclo de actividad del Sol se refiere al periodo de once años en el que varía drásticamente la actividad solar; esto es, el número de manchas solares, las eyecciones de material, fulguraciones, etcétera. Los cambios en la apariencia de nuestra estrella y en la intensidad de las auroras boreales terrestres se han venido estudiando desde hace siglos. A lo largo de esos periodos de once años cambia la intensidad de la radiación emitida por el Sol. Esta variación es más acusada cuanto más corta o más energética sea la longitud de onda, especialmente en la región del espectro de los rayos X. La actividad solar está relacionada con los mecanismos que generan el campo magnético del Sol y tiene implicaciones en el espacio, la atmósfera y la superficie terrestre.

ministro soviético Nikita Jrushchov) de apenas dos. Por eso, el lanzamiento del *Sputnik 1* pilló a todo el mundo por sorpresa y ayudó a generar un clima político en EE. UU. que desembocó en la fundación de la famosa National Aeronautics and Space Administration (NASA), en julio de 1958. En plena Guerra Fría, el lanzamiento se utilizó políticamente para alimentar el miedo a que la habilidad soviética para lanzar satélites se tradujese en la misma capacidad para enviar misiles balísticos cargados con armas nucleares desde Europa a Norteamérica.

El furor político que generó el *Sputnik* fue utilizado por el departamento de Defensa de los EE. UU. para aprobar los fondos necesarios de cara a un proyecto de satélite alternativo al *Vanguard*, el proyecto Explorer, que esta vez estaría liderado por Wernher von Braun[6]. Recuperaron un proyecto abandonado, el Jupiter-C, un descendiente directo del cohete alemán A-4 (más conocido como V-2, abreviatura de *Vergeltungswaffe 2*, el nombre que le dio el ministro de Propaganda nazi Joseph Goebbels y que significaba «arma de venganza», el primer misil balístico guiado de largo alcance, que fue diseñado para responder al bombardeo aliado de ciudades alemanas). 84 días después, el 31 de enero de 1958, Estados Unidos consiguió lanzar el *Explorer 1*.

La instrumentación científica a bordo del *Explorer* fue diseñada y construida por James Van Allen, quien acabaría descubriendo los cinturones magnéticos que llevan su nombre. Los cinturones de Van Allen son regiones con forma de *donut*

---

[6] Wernher von Braun fue un ingeniero alemán, nacido en la actual ciudad polaca de Wyrzysk, que desempeñó un papel prominente en todos los aspectos del desarrollo de cohetes y exploración espacial, primero en la Alemania nazi, donde fue fundamental en el desarrollo de los V-2 y, tras la Segunda Guerra Mundial, en los Estados Unidos, adonde se mudó con un centenar de personas de su equipo alemán tras rendirse a las tropas americanas. En Nuevo México, Estados Unidos, trabajó en modificaciones de los V-2 capturados tras la guerra para el desarrollo de cohetes destinados a estudios de altura en la atmósfera.

centradas en nuestro ecuador. Contienen una alta densidad de partículas cargadas, muy energéticas, que están atrapadas a altas latitudes en el campo magnético terrestre. La existencia del cinturón interno fue ya esbozada por los satélites *Explorer*, mientras que el cinturón externo tuvo que esperar a las sondas espaciales *Pioneer 3* y *4*.

Pero, mientras tanto, ¿qué fue del *Vanguard*? Pues que se convirtió, finalmente, en el cuarto satélite artificial en ser lanzado (después de los *Sputnik 1* y *2*, y el *Explorer 1*), y el primero en utilizar la luz del Sol para generar electricidad. Tiene además otro récord, el de ser el objeto hecho por el hombre que más tiempo lleva en órbita.

Es importante no olvidar que varios de los primeros satélites artificiales lanzados por la Unión Soviética y los Estados Unidos a finales de los años cincuenta tenían como objetivo recoger datos para el Año Geofísico Internacional. Desde el punto de vista científico, entre los resultados directos de esa iniciativa, además de la comprobación de la existencia de los cinturones de Van Allen, estuvo el descubrimiento de las dorsales oceánicas (el sistema continuo de cadenas montañosas submarinas, las más largas de la Tierra), que en 1970 llevaron al reconocimiento definitivo de la tectónica de placas como un fenómeno básico en la corteza terrestre. Muchos de los datos recogidos se utilizaron para comprender fenómenos físicos globales a gran escala con importantes implicaciones en nuestro día a día tecnológico, en la ciencia del clima o en la navegación. Ciencia básica que siempre se sabe dónde empieza, pero nunca hasta dónde nos llevará.

En ese contexto, lo que hizo del lanzamiento del *Sputnik 1* un hecho tan significativo fue que marcó el comienzo de una nueva etapa política, militar y tecnológica, que daría el pistoletazo de salida a la carrera espacial entre los Estados Unidos y la Unión Soviética.

Y así, lo que había comenzado como un proyecto internacional de cooperación para estudiarnos a nosotros mismos se convirtió en poco tiempo en una competición que descubrió la cara oculta de la ambición geopolítica internacional: la Luna.

Animales en el espacio

Hacía tiempo que se venían utilizando animales para probar los instrumentos de vuelo construidos por los seres humanos. El 17 de octubre de 1783, en pleno París prerrevolucionario, una oveja, un pato y un gallo sobrevolaron en globo los jardines del palacio de Versalles. Solo dos meses más tarde dos humanos, el químico y profesor de física Jean-François Pilâtre de Rozier (quien moriría dos años más tarde al intentar cruzar el canal de la Mancha) y el marqués d'Arlandes (quien además era un oficial militar) realizaron un trayecto ligeramente más largo.

Aparentemente, ya en 1906 Claude Ruggieri, un italiano que vivía en París, se dedicaba a lanzar con cohetes animales que luego recuperaba con paracaídas. Un famoso grabado de la época muestra cómo la policía francesa aborta el despegue de un cohete con un niño en su interior. Nadie sabe si logró lanzar niños en otras ocasiones, cuando la policía no lo estaba mirando. Lanzar niños tiene lógica; son blandos, como los gatos.

Los franceses son los únicos que han conseguido mandar un gato al espacio, Félicette, en 1963. Antes habían mandado tres ratas. Félicette, una gata que vivía en las calles de París antes de su experiencia espacial, sobrevivió al viaje, pero fue sacrificada dos meses después para estudiar su cerebro. Los franceses eligieron un gato no porque fuese fácil, sino porque era difícil; en realidad, la elección se basó en que disponían de muchos datos recopilados sobre estos felinos. Además, contaban ya con siglos de experiencia en el lanzamiento de animales. Aunque eso no debe pesar tanto porque, si por eso fuese, los españoles, con campanarios tan prolíficos en el lanzamiento de cabras y de pavas, seríamos líderes en el sector aeroespacial.

Las pioneras del espacio, en realidad, fueron unas moscas de la fruta anónimas (intentaron nombrarlas, pero era un lío) a las que se recuperó vivas en 1947 después de haber alcanzado una altura de 108 kilómetros a bordo de un cohete nazi V-2 reconvertido. No compartieron esa suerte los monos de la saga Alberto (desde Alberto I a Alberto IV) que, entre 1948 y 1951, subieron en el mismo tipo de cohete, pero no lograron bajar en la misma forma. Tampoco lo hicieron los numerosos ratones que fueron lanzados en la década de los cincuenta.

¿Y la famosa Laika? Un mes después del lanzamiento del *Sputnik 1*, el 3 de noviembre de 1967, los rusos volvieron a sorprender al mundo con un satélite mucho más pesado (508 kilos) y una perra dentro, el *Sputnik 2*. La perra se llamaba Laika. Tras su lanzamiento al espacio las autoridades rusas informaron de que la nave espacial donde viajaba no regresaría, pero que el animal tenía suficiente comida y oxígeno para sobrevivir hasta diez días. Triste, pero Laika se convirtió así en la primera *cosmoperra* que surcaba el cielo. Laika, valiente. Laika, en el espacio.

Cuarenta y cinco años más tarde, nos enteramos de que el animal, en realidad, se recalentó, se dejó llevar por el pánico y murió entre cinco y siete horas después del lanzamiento. Laika no fue el primer animal en orbitar la Tierra, ¡fue el primer cadáver! Ese primer ataúd espacial permaneció en órbita 162 días y ardió en la atmósfera el 14 de abril de 1958, esparciendo las cenizas de la perra sobre la Tierra.

La Unión Soviética lanzó un total de ocho misiones Sputnik más, con satélites similares que realizaron experimentos con distintos animales para probar los sistemas de soporte vital y de reentrada en la atmósfera. A lo largo de la década de los cincuenta, un total de doce perros callejeros (pensaban que aguantarían mejor el frío extremo, algo con sentido si tenemos en cuenta que eran rusos y no angoleños) fueron lanzados por los soviéticos en vuelos suborbitales. Los primeros recuperados vivos viajaron a bordo del

Sputnik 5 (Belka y Strelka), y tuvieron como compañeros de viaje al primer conejo espacial, cuarenta y dos ratones, dos ratas y un número indeterminado de anónimas moscas de la fruta.

El 31 de enero de 1961, como parte del proyecto Mercury, Ham the Chimp (o Jamón el Chimpancé, que es lo mismo pero no tiene nada que ver, por si alguien todavía se pregunta acerca de la conveniencia de traducir los nombres) se convirtió en el primer homínido lanzado al espacio en un vuelo suborbital. Ham viajó a bordo de un cohete Mercury-Redstone y fue entrenado con recompensas de fruta para que creyera que estaba haciendo volar la nave espacial, demostrando de esta manera que los astronautas humanos también podrían hacerlo. Tres meses después, Alan Shepard siguió los pasos de Ham y se convirtió en el primer estadounidense en el espacio. Dicen que permanece como información clasificada si se mantiene activo el programa de recompensas con fruta, comenzado con los chimpacés, para hacer creer a los astronautas que realmente son ellos los que pilotan sus naves espaciales.

El 29 de noviembre de 1961 le llegó el turno a Enos: segundo chimpancé en ser lanzado al espacio y tercer homínido, después de los cosmonautas Yuri Gagarin y Guerman Titov, en alcanzar la órbita terrestre. Orbitó la Tierra durante una hora y veintiocho minutos, y sobrevivió al vuelo y a la reentrada en la atmósfera.

Leónov

This is Major Tom to Ground Control
I'm stepping through the door
And I'm floating in a most peculiar way
And the stars look very different today

David Bowie, *Space Oddity*.

¿Llenamos el espacio de instrumentos de conocimiento y comprensión? El combustible líquido y los ordenadores digitales electrónicos consiguieron poner los primeros objetos en órbita. También a los primeros seres humanos. En la historia de superación tecnológica que nos ha permitido salir de nuestro planeta hay muchas primeras veces, y este no va a ser el libro que las cubra todas. Solo pretende dar una visión que, aunque parcial y subjetiva, señale algunos de los que para mí han sido los pasos más fascinantes en el espacio.

Imaginemos por un momento estar en lo alto de un cohete, sabiendo que bajo nuestros pies tienen que arder las toneladas de combustible que nos permitirán escapar de la gravedad terrestre y que, atados con un cinturón de seguridad, de esos antiguos que no se estiran, nos van a lanzar todo lo arriba que somos capaces de ir. Entonces, todo empieza a temblar. Despegamos. ¿A qué huele?

Ya está, ya estamos en órbita. La Tierra está ahí abajo, o ahí arriba, da igual: en el espacio habría que redefinir lo que con tanto esfuerzo nos costó aprender de niños con *Barrio Sésamo*. Lejos, cerca, arriba, abajo, dentro, fuera... Pero, un momento, ¡ya estamos fuera! Hemos abandonado la superficie del planeta y estamos dándole vueltas a gran velocidad, dentro de una pequeña cápsula espacial.

Vamos a probar ahora, por primera vez, el más afuera todavía. Para ello tenemos un traje especial, un traje confeccionado para salir al exterior pero que no se ha probado nunca, por lo tanto nadie sabe a ciencia cierta qué ocurrirá cuando salgamos. ¿Y si hay algo que las miles de personas que han pensado sobre este viaje no han tenido en cuenta? ¿Podemos encontrarnos con algo que desconozcamos? Es lo que tienen las primeras veces, la falta de referencias. Y nos toca probarlo, hemos sido elegidos. Aquí dentro se está bien... pero tenemos que salir...

El 18 de marzo de 1965, Alekséi Arjípovich Leónov se convirtió en el primer ser humano en dar un paseo espacial: doce minutos y nueve segundos.

Gagarin había salido de la Tierra, pero no de la nave. Tampoco salieron ninguno de los astronautas estadounidenses anteriores. Valentina Tereshkova, la cosmonauta soviética, primera mujer en viajar al espacio y única hasta la fecha en realizar un vuelo sola, completó, en junio de 1963, 48 órbitas en 71 horas y en un solo vuelo, registrando más horas que los tiempos combinados de todos los astronautas estadounidenses que habían volado antes de esa fecha. Pero también se había quedado dentro de la nave.

Alekséi Leónov salió. Conectado por un cordón umbilical de cinco metros de largo a la nave *Vosjod 2* en órbita alrededor de la Tierra, estuvo a punto de convertirse, como él mismo afirmaba, en el primer satélite humano de la historia. Tenía 30 años y tuvo

Alekséi Leónov, durante el primer paseo espacial en la historia del ser humano (© Alamy Stock Photo).

miedo. Su paseo espacial está grabado. Sale de la nave, flota, suelta el cable, se aleja y, como si de una red de pesca se tratase, se vuelve a acercar a la nave. Yo diría que, en ese momento, está contento. Yo lo estaría. Todo va bien, flota en el espacio.

Las instrucciones eran precisas. Debía narrar todo lo que le sucediera durante los poco más de diez minutos que iba a estar fuera de la diminuta cápsula espacial. Solo en el momento en que volvió a entrar se dio cuenta de lo deformado que estaba su traje espacial a causa de la ausencia de presión. Era la primera vez que se intentaba algo así y, obviamente, no se sabía cuáles serían las condiciones externas que tendría que soportar el traje. Se había acabado el recreo, tenía que regresar a la seguridad de la nave, volver adentro, pero no podía meterse de pie por la escotilla. No cabía, su traje se había hinchado.

Pensó en los cuarenta minutos de apoyo vital que, como máximo, podía proporcionarle el traje. Tendría que entrar de cabeza. Mientras la órbita los acercaba hacia la oscuridad total, se agarró con una sola mano al exterior de la nave. En la otra llevaba una cámara y no tenía ningún sitio donde apoyar los pies. Dejar atrás la cámara para sujetarse con las dos manos no era una opción: una fábrica entera lo había dado todo para producirla, para que el mundo viera lo que él veía, y quería llevarla de vuelta. No podía soltarla, ni siquiera aunque eso pusiera en peligro su vida. Así que la sujetó con la mano derecha e, impulsándose con la izquierda, que seguía agarrada a la nave, intentó meterse dentro.

La única solución para poder regresar a casa pasaba por reducir la presión del traje poco a poco, mientras trataba de meterse centímetro a centímetro en el compartimento estanco de cabeza. Eso implicaba que podría quedarse sin oxígeno, pero en realidad no tenía muchas más opciones. Redujo la presión del traje una vez, dos veces. Los pies, hinchados como si fueran guantes de goma; la cabeza, demasiado grande para la escafandra; los ojos, hundiéndose en las cuencas. La maniobra era muy similar a intentar ponerse un jersey muy apretado mientras todo tu cuerpo se hincha como un globo y apenas tienes movilidad.

Sabía que el mundo estaba escuchando, y no dijo nada. Aunque su temperatura y sus pulsaciones ascendían y tardaba mucho más de lo previsto. Incluso cuando finalmente consiguió meterse por completo dentro del compartimento estanco, aún debía hacer una última maniobra, todavía más complicada: darse la vuelta para cerrar la escotilla, que su compañero de viaje Pável Beliáyev pudiese igualar presiones y así llegar hasta el área con soporte vital.

Nadie estaba viendo nada de esto, y él no dijo nada. Consciente de su responsabilidad hacia el mundo, no quería que nadie allá abajo supiera que tenía problemas. Pensaba que dirían: «Mirad ese hombre, ¡si ni siquiera puede entrar en su nave!». En realidad, ¿quién podría haberse imaginado que la parte más difícil de mandar al primer ser humano a dar un paseo por el espacio sería entrar en casa y cerrar la puerta?

El silencio de Leónov, su respiración mientras intentaba regresar a la seguridad de la matriz de su nave *Vosjod 2* se convertiría en uno de los sonidos más icónicos de las películas de ciencia ficción que le siguieron, empezando por *2001: Una odisea en el espacio*.

Ese hombre extraordinario que realizó el primer paseo espacial fue seleccionado después como comandante de la primera misión rusa Soyuz que tenía planeado rodear la Luna. También habría sido el primer cosmonauta en aterrizar en nuestro satélite. Ambas misiones fueron canceladas. En 1975 fue el comandante de la parte soviética en la primera misión conjunta entre los Estados Unidos y la Unión Soviética. Es artista y fue gran amigo de Arthur C. Clarke.

La Guerra Fría

Mientras todas esas cosas fascinantes ocurrían allá arriba, aquí abajo pasábamos el rato coqueteando con la autodestrucción.

El 8 de marzo de 1966, el entonces ministro de Información y Turismo del régimen dictatorial de Franco, Manuel Fraga Iribarne, apareció semidesnudo en la portada del *New York Times*. ¿Acaso era un pionero mediterráneo del movimiento *hippie*? ¿Se adelantaba al Verano del Amor californiano de 1967? No, lo que buscaba Fraga con su famoso baño en la playa de Palomares, junto al embajador americano Angier Biddle Duke, era diluir la alarma por contaminación radiactiva de uno de los episodios, junto al accidente de Thule[7], más críticos de la Guerra Fría.

Dos meses antes, el 17 de enero, un bombardero americano B-52 cargado con cuatro bombas termonucleares de hidrógeno Mk-28 se había estrellado contra otro aparato al repostar en el aire, a unos diez mil metros de altura sobre la costa española. Los paracaídas de dos de las cabezas nucleares, mucho más potentes que las que cayeron en Hiroshima, no se abrieron al caer cerca de Palomares, en el municipio de Cuevas de Almanzora, en Almería. La carga nuclear no detonó, pero los explosivos convencionales sí que lo hicieron al impactar contra el suelo, contaminando con material radiactivo un área de 2,6 kilómetros cuadrados. Una tercera bomba fue recuperada casi íntegra en las inmediaciones de la localidad.

---

[7] El 21 de enero de 1968, en el suceso conocido como «accidente de Thule», un Boeing B-52 Stratofortress armado con bombas termonucleares se estrelló contra el hielo marino cerca de la base aérea de Thule, en Groenlandia, región autónoma perteneciente al reino de Dinamarca. La colisión provocó que los explosivos convencionales a bordo detonaran, rompiendo y dispersando la carga nuclear y provocando una contaminación radiactiva. Los Estados Unidos y Dinamarca iniciaron una operación intensiva de limpieza y recuperación, pero la etapa secundaria de una de las armas nucleares nunca se encontró. Entre 1960 y 1968, ese mismo avión permanecía en alerta continua en el aire, en una de las operaciones clave de la Guerra Fría, la Operación Chrome Dome. El accidente de Thule, solo dos años después del de Palomares, marcó el fin inmediato del programa de alerta aérea, que se había vuelto insostenible debido a los riesgos políticos y operacionales que provocaba.

La cuarta cayó al mar Mediterráneo. Fue recuperada intacta dos meses y medio más tarde, gracias a un novedoso algoritmo matemático de análisis bayesiano que se ha utilizado después para recuperar, entre otros, el vuelo 447 de Air France del 2009 y los restos del vuelo 370 de Malaysia Airlines. La entrada de probabilidades iniciales que requiere el algoritmo fue proporcionada por el pescador Francisco Simó Orts, Paco el de la Bomba, que la vio caer al mar y fue contratado por el ejército del aire estadounidense como asistente de operaciones en la búsqueda. Se gastaron miles de millones de dólares en la limpieza y la recuperación del material radiactivo, lo que involucró a cientos de militares estadounidenses y guardias civiles españoles durante meses. Se recogieron más de 1.400 toneladas de tierra y vegetación contaminadas, que fueron enviadas a Carolina del Sur para su almacenamiento.

En 2006, el CIEMAT (Centro de Investigaciones Energéticas, Medioambientales y Tecnológicas) encontró en la zona caracoles con altos niveles de radiactividad y confiscó extensiones de tierra fresca para limpiarla y realizar pruebas adicionales. Sin embargo, el programa de seguimiento de la salud financiado por Estados Unidos durante décadas no ha encontrado nada fuera de lo común en la población. En 2008, la Administración norteamericana acordó pagar dos millones de dólares adicionales durante dos años para la asistencia técnica en la zona.

El accidente de Palomares y el de Thule son, según el Departamento de Estado norteamericano, los únicos casos en que los explosivos convencionales en las bombas nucleares estadounidenses detonaron y dispersaron accidentalmente material radiactivo. Los investigadores concluyeron que el explosivo utilizado en las armas nucleares no era lo suficientemente estable químicamente para resistir las fuerzas implicadas en un accidente aéreo, lo que llevó a suspender el programa de aviones cargados con armas nucleares que permanecían en el aire en alerta continua.

La Guerra Fría y la cuantía ingente de millones gastados en

armamento estuvieron muchas veces a punto de acabar con nosotros. Esta unión entre economía, tecnología y política, que llevó a una acumulación de cantidades sin precedentes de armas nucleares, fue, sin embargo, la excusa perfecta para un vertiginoso avance en la tecnología de cohetes y, por extensión, de la carrera espacial.

Zond 5

Cada hora que pasa deja al sistema solar 69.000 kilómetros más cerca del cúmulo globular M13 en Hércules. Y todavía hay inadaptados que insisten en que no existe nada llamado progreso.

Kurt Vonnegut, *Las sirenas de Titán*

Si pienso en una escena de descubrimiento, en una aventura hacia lo desconocido, me imagino como exploradores a un apuesto rubio musculoso o a una valiente africana con ojos de lince. Nunca, ni en la más bizarra de las historias, se me ocurriría enviar de exploradoras a dos tortugas, sin más compañía que un puñado de gusanos, o más moscas de la fruta (definitivamente, las más avezadas exploradoras espaciales). Se ha dicho muchas veces que la realidad supera la ficción, pero pocas veces ha sido tan cierto. Los primeros terrícolas en circunnavegar la Luna fueron precisamente ellas, dos tortugas de la especie *Testudo horsfieldii*, también conocida como tortuga rusa, y los gusanos. Iban a bordo de la misión *Zond 5* soviética, la indiscutible precursora de todos los vuelos lunares tripulados. La *Zond 4* había logrado viajar alrededor de la Luna, pero se desintegró por error durante la reentrada al activarse el sistema de autodestrucción que se instalaba para evitar que las naves pudiesen caer en suelo enemigo.

En el clima político de la Tierra de 1968, nadie se fiaba de nadie. Los *hippies* se estaban cansando de hacer el amor, en un mundo que parecía no querer dejar de hacer la guerra en Vietnam. Un terremoto en Sicilia mataba a cerca de cuatrocientas personas mientras se sucedían el Mayo del 68 en Francia, la Primavera de Praga y toda una serie de protestas políticas en Polonia. Edson Luís de Lima Souto, un estudiante de instituto brasileño, era asesinado por la policía militar durante las protestas por los altos precios de la comida, lo que sería el comienzo de la represión militar y de los derechos civiles que vendría a continuación. Martin Luther King moría tras ser disparado por liderar el movimiento de los derechos civiles en Estados Unidos, y cinco meses después también el senador Robert F. Kennedy.

La televisión había llegado a los hogares y, desde el blanco y negro de las pantallas, se polarizaba la opinión pública. Parecían no existir ni las gamas de grises ni la riqueza cromática de los diferentes colores y opiniones. En la realidad del mundo, todo era o blanco o negro.

Massiel ganaba Eurovisión con su *La, la, la*, y en los cines se proyectaban por primera vez *2001: Una odisea en el espacio* y *El planeta de los simios*. Y mientras en un hospital de París se realizaba el primer trasplante de corazón de la historia, la nave presurizada *Zond 5* regresaba a la Tierra intacta con la primera carga biológica que había visitado la Luna.

La *Zond 5* era la segunda nave que viajaba y rodeaba la Luna y la primera que hizo el viaje de regreso. Como hemos visto, tan importante era ir como volver. No solo era cuestión de enviar cosas a la Luna, también había que recuperarlas; y si estaban vivas, mejor. Junto a las tortugas, las moscas y los gusanos de la harina, a bordo llevaba plantas, semillas de trigo y pino, algas, bacterias y cultivos de células vivas humanas. Permanecieron en el espacio un total de seis días y medio.

Lanzada el 14 de septiembre de 1968, la *Zond 5* sobrevolaba la cara oculta de la Luna, a tan solo 1.950 kilómetros de distancia, cuatro días después. El 21 de septiembre, hizo su reentrada en la atmósfera. Parece ser que, durante el violento descenso, una de las tortugas perdió un ojo. En el asiento del piloto, según la Academia de Ciencias de Rusia, viajaba un maniquí de 70 kilos de peso y 1,75 metros de altura, enchufado a detectores de radiación. Starman, el conductor del Tesla rojo de Elon Musk, no fue el primer maniquí en el espacio.

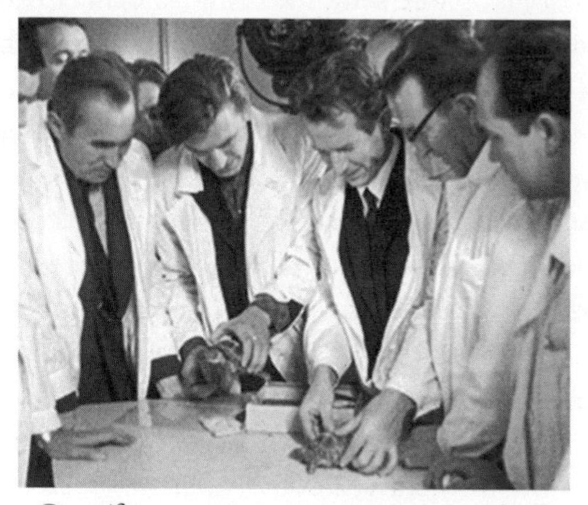

Científicos soviéticos examinan ejemplares de cosmotortugas (energia.ru).

El ocho que la *Zond 5* dibujó alrededor de la Luna terminó en el océano Índico. Todo un éxito, con una misión realizada completamente por control automático, dado que ninguno de los tripulantes tenía ni capacidad de mando ni brazos operativos: el piloto era un maniquí, las tortugas si caen de espaldas no pueden darse la vuelta y los gusanos de la harina (o *Tenebrios molitor*) no tuvieron tiempo de metamorfosearse en escarabajos y realizar una transformación inversa a la de Gregorio Samsa (porque fue en escarabajo, y no en cucaracha, en lo que se transformó, como bien argumentó Vladimir Nabokov).

Muchos especularon con que una misión tripulada sería lo

siguiente que harían los rusos, que ya habían demostrado estar más que preparados. Al otro lado del mundo, los estadounidenses sentían que estaban perdiendo la partida, sin haber conseguido ser los primeros en algo importante todavía.

El primer vuelo tripulado que lanzaría el cohete *Saturno V* estaba previsto que permaneciese en una órbita terrestre baja y que probase el módulo de descenso lunar. El problema era que el módulo no estaba listo. Mientras, los rusos estaban construyendo un cohete gigante, el N-1, y la CIA hizo circular un informe en la primavera de 1968 que decía que los soviéticos estaban en condiciones potenciales de enviar a un humano en una órbita alrededor de la Luna antes de fin de año. Y van los rusos y lanzan unas tortugas, y encima las recuperan vivas. Era evidente que una nave presurizada, aunque solo llevara tortugas, sería la precursora de una misión humana.

Apolo 8

Un planeta es la cuna de la mente,
pero no podemos vivir en cunas siempre.

Konstantín Tsiolkovski.

La Tierra desde la Luna. Una imagen que ha transformado para siempre nuestra visión del mundo. Nuestro mundo. Nos hemos visto ya tantas veces desde fuera que ya casi ni nos asombra, y perder la capacidad de asombrarse es otra manera más de envejecer. ¿Será que estamos envejeciendo como especie? ¿Será que estamos llegando a la madurez? Un planeta diminuto que aparece tras el horizonte árido de la superficie de la Luna. Pocos seres humanos lo han visto en directo. La mayoría lo hemos disfrutado desde aquí, desde la comodidad que nos ofrece un campo gravitatorio estable, una atmósfera que nos permite respirar y una temperatura ambiente agradable mientras hojeamos las páginas de un libro de astronomía, en la pantalla de un ordenador o en una publicación del movimiento ecologista. Se dice que todo empezó ahí, que nos empezamos a cuestionar lo que le estábamos haciendo a nuestro planeta cuando nos hicimos el primer selfi.

El día de Navidad de 1968, tres astronautas fueron los primeros en ver la Tierra aparecer en el horizonte de la Luna. Casi simultáneamente, 1,27 segundos más tarde, lo que tarda la señal en recorrer la distancia que nos separa de nuestro satélite, uno de cada cuatro seres humanos en la superficie del planeta vio la retransmisión televisada.

Es 21 de diciembre de 1968. Tres seres humanos (William Anders, Frank Borman y Jim Lowell) están sentados en lo alto del cohete *Saturno V*, una mole magnífica que mide 111 metros de alto, el equivalente a un edificio de 36 pisos de altura. Aguardan la cuenta atrás; a sus pies las 500 toneladas de combustible que los acelerará hasta 3,9 veces la fuerza de la gravedad. Esperan así comenzar el viaje de ida y vuelta que los llevará a la Luna.

La ignición se produjo poco antes de las 7:51 de la mañana en el continente americano, a la hora típica del almuerzo en España. Anders dijo a la vuelta que se sintió como una mariquita en el borde de la antena de un coche lanzado por una autopista.

Esa fue la primera vez que los seres humanos escapamos del campo gravitatorio terrestre. Se dirigían a la Luna.

Consejo: mira la Luna en la próxima oportunidad, y si es con un telescopio pequeño, mejor, aunque no es imprescindible. Está ahí al lado, a solo 384.400 kilómetros, a la vez tan lejos y tan cerca. Mírala mientras recuerdas que es una roca con un radio de 1.737 kilómetros. Una roca desnuda, pero eso no lo sabíamos hasta que le hicimos las primeras fotos. Y ahora piensa en cuál fue la última vez que recorriste cien kilómetros, y que hasta hace menos de un siglo hacer eso era una pequeña aventura. Ahora, viajar

2.000 kilómetros se ha convertido en algo rutinario, sencillo, apenas dieciséis horas de coche. Piensa que volamos por primera vez hace poco más de un siglo.

Pues bien, nada de eso se acerca ni de lejos a escapar del campo gravitatorio terrestre y a viajar a 384.400 kilómetros de distancia. Definitivamente, se trata de algo muy distinto. Además, hay que llevarse comida, agua, oxígeno, y sobre todo hay que dejar que lo aten a uno en lo alto de un cohete. Pero, sobre todo, hay que pensar en regresar. Al billete solo de ida se le llama suicidio.

Cuando era niña, me levantaba de la cama en mitad de la noche, en verano, y salía al patio de la casa de mi abuela. Me gustaba quedarme allí sola mirando las estrellas. Cuando pensaba que solo nos separaba de ellas una delgada capa de nada del espacio exterior, que además de noche y en una Castilla sin nubes no se ve, sentía que me ahogaba, que me faltaba el aire. Claustrofobia planetaria. Era fácil volver a respirar normalmente, lo difícil era olvidarse de la sensación de fragilidad de todo lo que nos rodea.

En 1968, los rusos estaban ganando la carrera espacial. Ya habían puesto en órbita a un satélite, a un humano, habían dado un paseo espacial y rodeado la Luna en una nave con seres vivos dentro. Pero, visto en perspectiva, ¿qué importa eso?, ¿qué más da quién hizo tal o cual cosa primero? Lo cierto es que la competición no era necesaria. La determinó una escena geopolítica concreta, pero si ambos países hubiesen colaborado no solo habría sido más barato para ambos gobiernos llegar a la Luna, sino que habría habido menos muertos en el proceso.

La *Apolo 8* fue una misión improvisada y atrevida, que ni siquiera estaba planeada como una misión lunar. Saltándose dos misiones previas, dejaron caer el módulo de alunizaje de los planes de la misión y pusieron rumbo directamente hacia una órbita lunar con humanos. Entre las cosas que podían salir mal estaban casi todas. La NASA tenía apenas diez años de edad, y el primer vuelo en avión de los hermanos Wright solo 65. La *Apolo 1* se había incendiado con los tres astronautas dentro, y la misión no tripulada del *Apolo 6* había fallado. Los dos vuelos anteriores del *Saturno V* habían sido no tripulados; el primero había ido de cine, el segundo había sufrido numerosos fallos técnicos. Pero decidieron saltarse todos los planes solo porque unas tortugas rusas en la *Zond 5*[8] ya habían rodeado la Luna.

Los tres astronautas viajaron durante tres días hasta la Luna. Una vez allí, tuvieron que recurrir a los motores para reducir la velocidad de la nave y entrar en órbita. Tras dar diez vueltas, ni una más ni una menos, encendieron los motores de nuevo para regresar a la Tierra y hacer la reentrada en nuestra atmósfera.

El *Apolo 8* marcó la primera vez que los seres humanos viajaron más allá de una órbita baja terrestre. Lo repito, sí. La primera vez, además, que seres humanos fueron satélites de nuestro satélite. Y pudieron ver por primera vez el otro lado, la cara oculta, con sus propios ojos. Sobrevolaron la Luna a una altura de cien kilómetros, casi la tocaron. Y cuando esperaban visiones espectaculares de nuestro satélite, lo que les sorprendió fue una hermosa vista de la Tierra. Y después, regresaron a casa.

La palabra «tierra», nombre que proviene del latín *terra*, me recuerda mucho a «tortuga». Los astronautas del *Apolo 8* leyeron el libro del Génesis desde la Luna. Se llama «terminador» la línea que, en un cuerpo celeste, separa la luz de la oscuridad. El terminador separa el día y la noche.

---

[8] La *Zond 6*, posterior a la *Apolo 8*, también llevó moscas, bacterias y tortugas alrededor de la Luna, pero murieron por una despresurización de la cápsula, que además se destruyó al estrellarse contra el suelo a causa de una apertura prematura del paracaídas en el regreso. La *Zond 6* tomó imágenes espectaculares del borde lunar con la Tierra de fondo similares a las del *Apolo 8*, que pudieron ser recuperadas porque el sistema de autodestrucción no hizo explotar la cápsula cuando esta golpeó contra el suelo. Por su parte, la *Zond 7* llevó cuatro tortugas que visitaron la Luna y regresaron vivas a la Tierra.

4. Huellas

Un día mi macho (puesto que se me tenía por su hembra) me contó que el motivo que verdaderamente le había obligado a recorrer toda la Tierra y finalmente a abandonarla, trasladándose a la Luna, no era otro sino que no había podido encontrar ni un solo país donde se consintiese la libertad de imaginación.

Cyrano de Bergerac, *Viaje a la Luna.*

Si colocamos la boca de la Luna en el *Mare Nubium* (mar de Nubes), entonces el *Mare Imbrium* (mar de la Lluvia) y el *Mare Serenitatis* (mar de la Serenidad) serían sus ojos. Es verdad que uno nos quedaría un poco más grande que el otro, pero siempre podemos imaginar que es porque nos lo está guiñando. Es así como me gusta pensar en nuestra compañera, haciéndonos un gesto cómplice desde el cielo.

George Méliès, en *Viaje a la Luna*, su película de 1902, le atizó a la Luna en el ojo izquierdo. Los 390 kilos de peso del *Luna 2*, la primera misión que aterrizó con éxito en la superficie de otro cuerpo celeste, se estrellaron contra el derecho en 1959. Apenas acabábamos de llegar y ya la estábamos dejando ciega... Nosotros somos así.

Luna 2 fue una sonda soviética muy parecida al *Sputnik*. La propulsión de la que era capaz solo le sirvió para impactar en la superficie lunar. Y lo hizo muy bien, a 12.000 kilómetros por hora. Solo un mes más tarde, *Luna 3* enviaba las primeras imágenes de la cara oculta de la Luna. Hasta entonces desconocíamos qué podía haber allí, porque nuestro satélite siempre nos muestra la misma cara.

Cuando, en 1973, Pink Floyd sacó su famoso álbum *The Dark Side of the Moon —no hay lado oscuro en la Luna, en realidad toda la Luna es oscura—*, ya conocíamos muy bien lo que había al otro lado. Y a pesar de que Mark Twain dijera que *las personas son como la luna, siempre tienen un lado oscuro que no enseñan a nadie* y que la cultura popular, las canciones y las licencias poéticas insistan una y otra vez en ello, tal lado oscuro no existe. Sí que existe un lado que no vemos, pero no está oscuro: el Sol lo ilumina al igual que al resto, al ritmo al que nuestro satélite gira alrededor de su propio eje.

Tampoco existen los habitantes de la Luna, los selenitas, aunque les hayamos puesto nombre. Al fin y al cabo, bautizamos a muchas cosas que no existen, como los vampiros, los hombres lobo, Ana Karenina o Don Quijote, y que solo tengan vida en nuestra imaginación no impide que ejerzan una gran influencia sobre mucha gente. Los selenitas[9] han estado presentes en la cultura popular durante siglos, pero se extinguieron para siempre en el momento en que pusimos a orbitar la primera sonda en la Luna. En realidad, conociéndonos, era de esperar que tuviesen los días contados. Ya se veía venir que no les quedaba mucha vida cuando

---

[9] La selenita es también una variedad del mineral de yeso que toma la forma de cristales transparentes. En Palencia, mi tierra, esos cristales, que reciben el nombre de «cristal de bruja», se encuentran fácilmente en todos los cerros. Los romanos lo llamaban *lapis specularis* y lo utilizaban para hacer ventanas. Esta selenita es, pues, bien real.

los viajeros de Méliès, sin mediar palabra y nada más encontrárselos, se dedicaron a vaporizarlos a paraguazos. La agresión me parece injustificable, incluso para una película muda que no da mucho margen para la negociación.

La imaginación humana les ha dibujado todo tipo de formas a esos patrones de luz y oscuridad que se aprecian en la superficie rocosa de la Luna a simple vista: conejos, caras, hombres, mujeres, quesos, corazones... y también edificios. Johann Schröter, un relevante astrónomo alemán de principios del siglo XIX, atribuyó los cambios de color que apreciaba en la superficie de la Luna a áreas cultivadas:

> *Al menos me imagino* [que la] *superficie gris de* Mare Imbrium *sería tan fructífera como la Campania* [de Italia]. *Aquí la naturaleza ha dejado de enfadarse, hay una zona suave y benigna entregada a la cultura tranquila de criaturas racionales.*

Schröter no fue el único astrónomo profesional que, a pesar de haber hecho importantes descubrimientos sobre el Sol, Venus y la Luna en sus detalladas observaciones con los mejores telescopios de la época (comprados al mismísimo descubridor de Urano, William Herschel, de quien era amigo), se dejó llevar por su imaginación para hacer interpretaciones que eran pura fantasía. Su colega y compatriota Franz von Paula Gruithuisen, médico, astrónomo y uno de los más prolíficos investigadores de la época, también afirmó que podía discernir con su telescopio carreteras, ciudades, fortificaciones, un templo con forma de estrella y hasta huellas de animales. Los describió en 1822 en un artículo titulado «Descubrimiento de muchos vestigios distintivos de habitantes lunares, especialmente de uno de sus edificios colosales».

Ambos astrónomos compartían una desatada imaginación, buena vista, poco sentido común y una pasión por el pluralismo que queda bien reflejada en una frase de Schröter, el que veía en la Luna una campiña italiana: *Todos los cuerpos celestes* [deben] *estar organizados por el Todopoderoso para estar llenos de criaturas vivas.*

Hacer creer a la mitad de la ciudad de Nueva York que existían criaturas vivas e inteligentes en la Luna fue, precisamente, el objetivo de uno de los engaños más famosos de la historia del periodismo. Ocurrió unos años después de que Gruithuisen dijera que había visto huellas de animales en la Luna. En agosto de 1835, el recién fundado *The New York Sun* publicó una serie de seis artículos atribuidos al astrónomo John Herschel, hijo de William, donde bajo unos titulares sensacionalistas se afirmaba que el famoso científico, a través del inmenso telescopio que había construido en Sudáfrica, había descubierto vida inteligente en la Luna. Fue el periodista Richard Adams Locke quien se inventó la historia, le atribuyó la autoría al astrónomo y colocó en nuestro satélite unicornios, gigantescos hombres murciélago, ríos con playas de diamantes, campos de amapolas y fornicación pública por doquier (a diferencia de lo anterior, esto último no lo explicaba en detalle). Además de conseguir aumentar las ventas del periódico, Locke hizo creer a la mayoría de sus lectores que, por primera vez, teníamos la prueba de no estar solos en el universo.

Uno de los aspectos más interesantes de los artículos de Locke es que, al parecer, su intención era burlarse de Thomas Dick. Dick era un astrónomo serio y escocés que, además de estimar la población de la Luna en 4.200 millones de selenitas, compartía con muchos de sus contemporáneos la esperanza de comunicarse con ellos. La idea de construir una estructura en Siberia lo suficientemente grande y con una geometría simple y matemática, en forma de triángulo o elipse, que pudiera distinguirse claramente desde la Luna a simple vista y provocar así que sus habitantes nos mandasen una señal, había sido sugerida varias veces (también se había propuesto cavar canales en el Sáhara, llenarlos con queroseno y prenderles fuego). Dick creía que todas las superficies del universo estaban habitadas, desde los anillos de Saturno hasta los cometas y asteroides. Solo necesitaba saber el tamaño del cuerpo celeste para estimar su población por metro cuadrado. Era un hombre muy religioso que creía firmemente que Dios, en su infinita sabiduría e inteligencia, no podía haber creado el universo para dejarlo luego despoblado. Charles Darwin todavía no había publicado *El origen de las especies*; lo haría en 1859, tan solo dos años después de la muerte de Dick.

The New York Sun nunca se retractó del engaño de su editor, pero Locke sí. Aunque lo que no quiso admitir fue que, a su vez, podía existir un posible plagio de una historia que el mismísimo Edgar Allan Poe había publicado poco antes en una revista literaria. El cuento de Poe se titulaba *La incomparable aventura de un tal Hans Pfall,* y describía con todo lujo de detalles científicos el viaje en globo aerostático de un holandés a la Luna y su encuentro allí con gente pequeña y fea. La historia, que pretendía hacerse pasar por verdadera, había obtenido los detalles científicos del *Tratado de astronomía* de John Herschel, publicado un año antes en Estados Unidos.

Poe era un apasionado de la astronomía y se mantenía al tanto de los últimos descubrimientos científicos. Su historia iba a ser publicada por partes, pero no había comenzado a escribir la segunda —en la que iba a describir la vida que el viajero descubría en la Luna— cuando llegaron a sus manos los artículos del *Sun.* Como cabía esperar, a Poe no le gustó nada el plagio, pero es que además se trataba de una historia en la que tenía mucha fe. Años después, intentó vengarse del periódico[10], aunque también confesó su ad-

---

[10] A solo una semana de su llegada a Nueva York en 1844, Poe le vendió al *Sun* un texto largamente meditado, que debía servirle como venganza personal por la historia de la Luna. En él narraba el primer viaje en globo a través del Atlántico. La historia tenía un personaje real como protagonista, Monck Mason, y otro inventado, el periodista Forsyth, que era quien firmaba la primicia de la noticia. El

miración por la habilidad con la que el periodista había engañado a la mitad del mundo. Hay indicios de que el relato inacabado de Poe sirvió a Verne, quien era un confeso admirador del escritor estadounidense, para escribir su novela *De la Tierra a la Luna*.

La primera nave espacial que aterrizó suavemente y de verdad en la superficie lunar fue la soviética *Luna 9*. Lo hizo en 1966 en el *Oceanus Procellarum* (océano de las Tormentas). Pesaba 99 kilos. *Luna 9* tomó imágenes del terreno y, tras codificarlas, las envió a la Tierra a través de un transmisor de radio. Los datos fueron interceptados por el radiotelescopio de Jodrell Bank, hoy operado por la Universidad de Mánchester, donde alguien se dio cuenta de que era la señal codificada de una máquina de fax, un estándar en los periódicos de la época. Los aparatos de fax no eran por entonces habituales, así que, tras grabar la señal, pidieron uno al periódico más cercano, el *Daily Express*. Así que la primera imagen tomada desde la superficie de otro cuerpo celeste se vio por primera vez gracias a un fax prestado.

Luna 9 había hecho la fotografía más cercana lograda de nuestro satélite, una fotografía casi íntima. La imagen robada fue publicada en la portada del *Daily Express* el 5 de febrero de 1966 con el titular «El *Express* atrapa la Luna», veinticuatro horas antes de que la enseñaran los soviéticos, quienes se mostraron especialmente molestos al ver que habían aplicado mal la escala horizontal a la fotografía (un factor 2,5), con lo que habían alterado las

---

resto eran diarios del viaje en primera persona. Con ello pretendía demostrar, con orgullo, que podía ser mejor que Locke urdiendo un engaño. La historia fue rápidamente reconocida como fraude, a lo que al parecer contribuyó que el propio Poe, con alguna copa de más, realizara uno de esos actos de autosabotaje que tanta factura le pasaron a lo largo de su vida. Se plantó delante de la multitud agolpada a la puerta del editor del periódico, que esperaba con ansia la nueva entrega del viaje, y allí mismo reveló que todo era un engaño, del que él mismo era el autor. Al día siguiente el periódico se retractó de la historia, cosa que nunca hizo con la de Locke sobre la Luna.

proporciones de la imagen. La primera foto íntima de nuestra Luna, y va y se publica deformada.

Hombres lobo

... y el rey dejó de vivir entre la gente. Comía pasto, como los toros, y se bañaba con el rocío del cielo. Sus cabellos parecían plumas de águila, y sus uñas, garras de pájaro.

Libro de Daniel, sobre la locura de Nabucodonosor.

El hombre lobo es uno de los monstruos más famosos que hemos creado. Cuenta la leyenda que, bajo el influjo de la luna llena, hombres completamente normales experimentan una metamorfosis durante la cual les crecen el pelo, las garras, los colmillos y los músculos, y pierden toda forma de humanidad. Se transforman en lobos. La metamorfosis es reversible y, tras un periodo bajo la forma de animales salvajes, vuelven a ser hombres, aunque desorientados, manchados de sangre y con restos de haber ejercido una violencia que no recuerdan.

En el hombre lobo se conjuran dos de los temores más enraizados en la cultura humana: el miedo a la oscuridad y la noche, y el terror que nos producen tanto los animales feroces como la posibilidad de convertirnos en uno de ellos. Sin olvidarnos del miedo a los lobos que, a temprana edad, nos inculcan a los niños europeos desde las cándidas páginas de los cuentos de *Caperucita* y de *Los tres cerditos*. Quizás en la leyenda también haya algo de fascinación ante la posibilidad de que la Luna pueda activar nuestro lado más salvaje y oscuro. El cóctel de miedo y fascinación es explosivo y de larga duración, de ahí que el hombre lobo y sus primos los vampiros, creados con ingredientes similares, estén tan extendidos en la cultura popular. Por otro lado, aunque la leyenda de la transformación del hombre en lobo aparece en muchas culturas, el mito no siempre es negativo. Muchas tribus de indios americanos, por ejemplo, consideran a los lobos como sabios maestros a los que hay que tratar con reverencia.

En la Grecia antigua, en una de las versiones más antiguas del mito, Zeus convierte en lobo a Licaón, rey de Arcadia, en castigo por haberle servido de cena a su propio hijo Níctimo. Ahí está el origen de la palabra «licantropía», pero en el mito original de la transformación de Licaón no se menciona la Luna. En diferentes versiones del castigo, Zeus convierte en lobos tanto al padre que sirvió a su hijo de cena como a los otros cincuenta hermanos que participaron en el banquete. Parece ser que el mito estaría más relacionado con la condena moral del canibalismo.

La Luna ya se incluye en uno de los relatos del *Satiricón* de Petronio, pero de ella solo se dice que «lucía como si fuera mediodía» antes de que un soldado, tras orinar y desnudarse, en ese orden, se transformase en lobo. La asociación entre el astro y estos animales es posterior, y probablemente llegase de la mano de la creencia extendida de que los lobos aúllan a la Luna. Los biólogos han demostrado que esto no es así, los lobos aúllan siempre porque es su forma de comunicación, bastante elaborada y compleja, por cierto.

Las fábulas en torno a los hombres lobo florecieron en la Edad Media europea, al mismo tiempo que el fanatismo religioso y la persecución a las mujeres por brujas. El lobo se convirtió en demonio. En esa época se extendió, también, la infundada creencia popular de que la Luna causa trastornos mentales. Asesinos, enfermos mentales o rabiosos (para convertirse en hombre lobo te tiene que morder uno) fueron, probablemente, los protagonistas de los hechos que luego alimentaron la leyenda en la cultura popular. Enfermedades congénitas como la porfiria, producida por la acumulación de la proteína porfirina, que puede presentar síntomas como: dolores, orina de color rojo, desorientación, cambio

Un grabado que muestra cómo se logró atrapar al hombre lobo de Eschenbach (Alemania) en 1685, atrayéndolo hacia un pozo (https://manyinterestingfacts.wordpress.com).

del color de la piel a rojizo, edemas y crecimiento excesivo del cabello; o la hipertricosis (también hereditaria y caracterizada por un exceso de vello corporal), podrían explicar la existencia de las características asociadas a los hombres lobo. La porfiria, además, también explicaría las características de los vampiros.

La de Michael Jackson en el videoclip de *Thriller* es una de las transformaciones en hombre lobo más famosas de los años ochenta. En el cine, además, han aparecido muchas otras versiones a lo largo de los años —empezando por la fundacional de Lon Chaney Jr.— que incluyen algunas convertidas en películas de culto como *Un hombre lobo americano en Londres* (1981) y su versión posterior ubicada en París; el *Lobo* de Jack Nicholson de 1994 o la fascinante *El hombre lobo* que protagonizó Benicio del Toro en 2010; o los licántropos adolescentes de la saga *Crepúsculo* y sus batallas con los vampiros. Todos ellos, leyendas que cobran vida bajo la luna llena.

En los últimos años, la licantropía clínica se entiende en psicología como una forma de desorden mental conocida de manera global como zoantropía, sin relación alguna con la Luna. Uno de los casos más antiguos aparece en la Biblia en el libro de Daniel, cuando el rey Nabucodonosor sufre un ataque de depresión profunda y, durante siete años, se dedica a vagar por la naturaleza salvaje, creyendo que se había convertido en lobo.

El primer caso registrado de licantropía clínica es español y resulta ser, además, el primer asesino en serie nacional. Manuel Blanco Romasanta decía convertirse en hombre lobo debido a una maldición. Nacido en un pueblo de Orense, confesó haber cometido trece asesinatos cuando finalmente fue capturado en 1853 y condenado a pena de muerte por garrote vil. La pena fue transmutada a cadena perpetua por la mismísima reina Isabel II, convencida por un médico francés de que podía tratarlo de su licantropía. Manuel también era conocido como el Sacamantecas, porque se decía que vendía la grasa de sus víctimas como ungüento de belleza.

No todos los casos registrados de licantropía clínica son violentos. Por ejemplo, en los setenta, un soldado norteamericano conocido como Mister H recuperó su conciencia humana tras dejar de ingerir LSD de manera excesiva y continuada, y nunca mostró signos de violencia. El cornezuelo del centeno, un hongo que ataca a los cereales y produce una sustancia alucinógena parecida al ácido lisérgico, también parece estar tras algunos casos clínicos de licantropía.

Dicen que las palabras existen cuando hacen falta para nombrar realidades o ficciones. En gallego existe la palabra *lobishome*. Los *lobishomes* no hacen daño a nadie, solo andan por el monte convertidos en perro chillando por las noches. Lo que no sé es si solo gritan cuando hay luna.

«Veo mis huellas»

Yo he visto cosas que vosotros no creeríais. Atacar naves en llamas más allá de Orión. He visto rayos C brillar en la oscuridad cerca de la Puerta de Tannhäuser. Todos esos momentos se perderán en el tiempo, como lágrimas en la lluvia. Es hora de morir.

Rutger Hauer, como el replicante Roy Batty, en *Blade Runner* (Ridley Scott, 1982).

Pero he tenido el privilegio de mirar hacia abajo a la Tierra desde mucho más arriba de la atmósfera y he visto estrellas fugaces muy por debajo de mí. He visto la violencia de las tormentas en la noche como setas gigantes iluminadas por relámpagos feroces. He visto huracanes gigantescos con vientos enormes. Si fuese el capitán de una nave espacial aproximándose a la Tierra desde un planeta cercano a Vega y hubiese tenido esas vistas y mis instrumentos me hubiesen alertado de posibles terremotos, tsunamis y otras furias de la madre naturaleza, podría muy bien haber dicho: «No, este planeta es demasiado peligroso, este planeta no es para mí. Señor Spock, curvatura cinco, por favor».

Neil Armstrong en el festival Starmus I: 50 años del hombre en el espacio[11].

El 20 de julio de 1969 (21 de julio en España por la diferencia horaria), Neil Armstrong y *Buzz* Aldrin llegan a la superficie de la Luna tras un viaje de 4 días, 6 horas y 45 minutos. El águila había aterrizado. Mientras, Michael Collins espera, solo, en el *Columbia*, dando una vuelta a la Luna cada dos horas, a unos cien kilómetros de la superficie y a una velocidad de casi 6.000 kilómetros por hora.

Y sin embargo ¿quién podría pensar que cuando se aproximaba el momento álgido del viaje más épico de la historia, y antes de

---

[11] Neil Armstrong, «Reflections on Starmus and the future of Earth» (Starmus Festival, 2011).

poner el pie en el suelo lunar, los dos hombres tenían órdenes de irse a dormir? Eso, por cierto, fue lo que hicieron los viajeros de Méliès, poco después de llegar a la Luna. Pero es que en una película está permitido que les entre sueño a los protagonistas, sobre todo para jugar con los efectos visuales de la noche. La realidad es otra cosa. Los dos primeros astronautas en la Luna no estaban dispuestos a irse a dormir nada más llegar (¿qué ser humano hubiese sido capaz de conciliar el sueño en esas circunstancias?). El plan de vuelo había sido concebido de esta manera por su seguridad, para que estuviesen descansados si tenían que enfrentarse a algún problema. Pero Armstrong llamó a Houston desde la Luna y sugirió empezar el paseo espacial unas horas antes de lo previsto. Se saltarían la siesta. Y repito la frase, que tiene su miga: Armstrong llamó a Houston *desde la Luna*. Fascinante.

Thomas Gold[12], uno de los científicos más brillantes del siglo pasado, en uno de sus errores más sonados, predijo que los astronautas se hundirían en el polvo lunar tan pronto pusieran los pies en la superficie. La escalera que descendía del módulo no llegaba hasta el suelo, y Armstrong tuvo que saltar. No dar un paso sino un verdadero salto porque, aunque se habían hecho numerosas pruebas, aunque *Luna 9* y las sondas Surveyor habían determinado que se podía aterrizar y ellos lo acababan de hacer, nadie sabía cómo era realmente la superficie de la Luna ni qué suponía saltar en una gravedad seis veces menor que la de la Tierra. Además, la escalera no llegaba hasta abajo.

Pues Armstrong saltó, y con humildad dijo que él había dado un pequeño paso, o que ese era un pequeño paso, qué más da. El caso es que saltó, haciendo realidad el sueño de tantos humanos que lo observaban desde abajo, pero también desde el pasado, y

---

[12] Véase el ensayo de Freeman Dyson «A modern Heretic» en *The Scientist as Rebel* (*New York Review of Books*, 2006).

que lo seguiríamos mirando desde el futuro. En ese salto estaban Kepler, Galileo y Newton, Margaret Hamilton y Alekséi Leónov; Katherine Johnson, Dorothy Vaughan y Mary Jackson; Konstantín Tsiolkovski y Ada Lovelace; Von Braun y Koroliov, Mileva Marić, Amelia Earhart y Robert Goddard. Y cuando digo todos, digo todos: la gata Félicette, Laika, las tortugas, Hipatia y los hermanos Wright, Valentina Tereshkova y Walt Disney. Allí estaban los que murieron intentando volar y los que descubrieron cómo funcionaba la gravedad, y los que sí que volaron, bucearon e inventaron, incluido David Gray Beard, el chimpancé de Jane Goodall que nos enseñó que ellos también saben utilizar herramientas.

Y porque es imposible llegar a la Luna sin haberlo soñado antes, allí también estaba Cervantes soñando a su soñador en un lugar de La Mancha, como decía Jorge Luis Borges en *El hacedor*:

Harto de su tierra de España, un viejo soldado del rey buscó solaz en las vastas geografías de Ariosto, en aquel valle de la luna donde está el tiempo que malgastan los sueños y en el ídolo de oro de Mahoma que robó Montalbán.

En mansa burla de sí mismo, ideó un hombre crédulo que, perturbado por la lectura de maravillas, dio en buscar proezas y encantamientos en lugares prosaicos que se llamaban El Toboso o Montiel.

La exploración espacial había pasado de ser el sueño de unos cuantos científicos desconocidos a convertirse en una experiencia común global. Se estima que, ese día, el 96% de las televisiones norteamericanas estaban encendidas observando la llegada del *Apolo 11* a la Luna (siempre me he preguntado qué estaría viendo el otro seis por ciento, qué estarían poniendo en los otros canales). El récord de audiencia que consiguió la retransmisión solo fue superado años después por la boda de la princesa Diana de Gales, lo cual no está nada mal para tratarse de una hazaña tecnológica (me refiero, obviamente, a la llegada a la Luna). Notas de prensa y reportajes de ciencia se convirtieron por primera vez en una parte esencial del trabajo periodístico en Estados Unidos.

Pero no solo los norteamericanos miraban la Luna a través de sus televisores, se estaba haciendo lo mismo en todo el mundo, desde todos los rincones donde hubiera llegado la tecnología en forma de una radio o de un televisor. Y si no los tenían, levantaban la vista al cielo, que es todavía más hermoso. La Luna estaba en cuarto creciente, y se dice que durante los días y las noches que duró el viaje de ida no dejaron de mirarla.

Creo, además, que se puede afirmar que nunca antes ningún ser humano había estado tan acompañado como lo estuvo Neil Armstrong ese 20 de julio de 1969 —ni ninguno tan solo como Collins en el módulo de mando— cuando fue a dar el primer paso fuera de casa, en la superficie del único cuerpo celeste donde, de momento, hemos puesto los pies. Pero, para mí, no fueron el salto ni la icónica frase que ha pasado a la historia, la del gran salto para la humanidad, los momentos más hermosos de la fascinante proeza que nos llevó hasta la Luna.

En mi opinión, lo que resume la belleza de ese instante es cuando Armstrong, solo en la superficie de la Luna como un niño que juega a pisar un charco por primera vez, examina sus pasos y dice: «Puedo ver las huellas de mis botas». Como en la Luna no hay erosión, aparte de los pequeños y continuos impactos de micrometeoritos, las marcas que dejaron los astronautas permanecerán visibles en la superficie durante cientos de miles de años. Eso sí que es dejar huella.

Neil Armstrong permaneció en la superficie de la Luna durante ¡dos horas y treinta y un minutos! ¿Qué hizo? Pues, entre otras cosas, lo mismo que cualquier otro turista: fotos, sobre todo de su compañero de viaje *Buzz* Aldrin, quien, tras asegurarse de no dejar cerrada la puerta del módulo lunar, se unió a Armstrong (su precaución le restó unos quince minutos de paseo). Uno de los primeros objetivos científicos fue la recogida de muestras de terreno

Huella humana en la superficie de la Luna de uno de los tripulantes del *Apolo 11*, tomada el 20 de julio de 1969 (NASA).

que, como veremos más adelante, proporcionaron claves fundamentales acerca del pasado común con nuestro satélite y elementos para descifrar los mecanismos de formación de nuestro planeta. Si dicen que de Madrid al cielo, también se podría decir que de Cabo Cañaveral a la Luna. Un viaje de más de tres días para permanecer allí poco más de dos horas.

La madre de *Buzz* Aldrin, cuyo apellido de soltera era Moon[13], se suicidó un año antes de que su hijo fuese el segundo ser humano

---

[13] «Luna», en inglés.

en pisar la Luna. Mientras descendía por la escalera del módulo lunar, Aldrin calificó el paisaje primero de «hermosa vista» y después de «magnífica desolación». A su regreso del espacio, Aldrin lo pasó mal, la depresión que llevaba en su ADN acabó manifestándose. Los héroes también sufren.

Entre los instrumentos científicos que colocaron en el poco tiempo del que dispusieron estaba un sismógrafo para detectar movimientos en la Luna (lunamotos, el equivalente lunar de los terremotos), que estuvo operativo tres semanas. También instalaron una serie de prismas que sirven como reflectores para determinar la distancia hasta nuestro satélite mediante un láser proyectado desde la Tierra.

Muchas personas contribuyeron al éxito de las misiones Apolo y, aunque es prácticamente imposible nombrarlas a todas, es importante reconocer a quienes realizaron contribuciones fundamentales. Entre ellas está la ingeniera de *software* Margaret Hamilton, la autora del código que los Apolo utilizaron para llegar, aterrizar y regresar desde la Luna. También las mujeres matemáticas conocidas como las «computadoras humanas» que, con lápiz y papel, hicieron los cálculos necesarios para que se pudiesen lanzar cohetes y astronautas al espacio. Entre ellas estaban Mary Jackson, Katherine Johnson, Dorothy Vaughan y Christine Darden[14].

Unas 550 personas han viajado al espacio, entendiendo como tal un vuelo por encima de los cien kilómetros de altura. De las veinticuatro que han escapado del campo gravitatorio terrestre, solo doce han caminado sobre la Luna. Nadie ha vuelto a intentarlo desde 1972. Eugene A. Cernan, piloto de la misión *Gemini 9*,

---

[14] La historia de estas mujeres afroamericanas, matemáticas excepcionales que se abrieron camino en un país donde imperaba la segregación racial, y que lograron convertirse en empleadas de la NASA y figuras cruciales en el éxito del programa espacial, se narra en el libro *Figuras ocultas,* de Margot Lee Shetterly (HarperCollins, 2016), y en la película homónima.

del módulo lunar del *Apolo 10* y comandante del *Apolo 17*, fue el último hombre en dejar su huella en la Luna.

Y la Luna ya nunca más fue la misma

Esta es la luz de la mente, fría y planetaria.
Los árboles de la mente son negros. La luz es azul. [...]
La luna no es una puerta. Es una cara por derecho propio,
blanca como un nudillo y terriblemente turbada.
Arrastra al mar tras de sí, como un crimen oscuro; y está en calma.

Sylvia Plath, *La luna y el tejo.*

Hace cuarenta y cinco mil años, los primeros humanos abandonaron el continente afroasiático y se mudaron a Australia. A partir de ese momento, transformaron el ecosistema australiano para siempre e hicieron desaparecer, en pocos miles de años, todas las especies animales que pesaban más de cincuenta kilos, salvo una. Lo mismo ocurrió hace catorce mil años, cuando los *sapiens* llegaron al continente americano: en apenas dos mil años, desaparecieron en todo el continente la mayor parte de los mamíferos grandes. Poseemos la dudosa distinción de ser la especie más mortífera de los anales de la historia[15], ¡y eso que estoy hablando de una época muy anterior a la llegada de la revolución industrial!

Modificamos lo que tocamos, a todos los niveles. Aunque solo doce personas hayan estado en la Luna, ya la hemos cambiado para siempre, y nunca volverá a ser la misma. Solo con pisarla, ya la

---

[15] Tesis sostenida por Yuval Noah Harari en *Sapiens. De animales a dioses. Una breve historia de la humanidad* (Debate, 2017).

hemos calentado entre uno y dos grados. El pequeño paso para el hombre, el gran salto para la humanidad, le ha costado a nuestro satélite estar un poco más caliente.

La superficie de la Luna experimenta fluctuaciones de temperatura extremas entre el día y la noche. Un mismo punto de la superficie puede pasar de los 120º cuando le está dando el Sol, a -233 ºC cuando pasa a estar a la sombra. Esto es así porque la Luna carece de aislamiento térmico. La física que está detrás del proceso es sencilla de verificar en la Tierra: solo hay que comparar lo que supone tumbarse en un día seco y caliente a tomar el sol vestido completamente de negro o hacerlo de blanco, y recordar que nuestro cuerpo tiene un termostato interno que mantiene estable nuestra temperatura a 37 ºC; la Luna, no. En la Tierra, como tenemos atmósfera, los cambios más extremos que se pueden experimentar ocurren en el desierto, donde la temperatura puede variar de los 43 ºC a los -18 ºC entre el día y la noche.

Por eso el color de la superficie de la Luna es tan importante. Al no tener atmósfera, es la tonalidad del material que la conforma lo que determina cuánta luz se refleja y cuánta se absorbe. Las huellas y las marcas de los vehículos de las misiones humanas han modificado esa capa superficial de polvo y revelado la más oscura que se encuentra debajo. Allí donde hay huellas, pues, la superficie es un poco más oscura, y eso hace que el suelo absorba más radiación solar, lo que hace que se caliente más. El efecto es pequeño pero medible; así lo han revelado estudios recientes a partir de los sensores de temperatura que las misiones *Apolo 15* y *17* colocaron en la superficie lunar. Esos sensores nos dicen que, más allá de las fluctuaciones extremas entre el día y la noche, nuestro satélite ha sufrido un leve aumento de temperatura. La actividad humana no solo ha modificado el clima de la Tierra, sino que también hemos calentado la Luna.

Queda demostrado, pues, que inevitablemente cambiamos todo lo que tocamos. Cómo valoramos ese hecho, qué opinamos de él, es lo que ha dado pie, al menos, a dos visiones encontradas, la de los humanistas y la de los naturalistas. Los naturalistas opinan que la intervención humana en el entorno es mala por definición, y creen que hay que respetar el orden natural de las cosas. Para los humanistas, sin embargo, los humanos somos parte integral de la naturaleza, por lo que no podemos hablar de que haya una alteración del orden natural si nosotros mismos, y nuestras acciones, están incluidos en él. En esa visión, la mente humana maneja los mandos de la torre de control de la biosfera y tendría la capacidad de reorganizar la naturaleza en una especie de ecología planetaria diseñada y mantenida por el hombre, que Vladímir Vernadski bautizó como noosfera[16]. Es sobre esa responsabilidad de estar al mando sobre la que cabe actuar; si la gente no tiene qué comer es muy difícil que se preocupe por el cuidado de su entorno, y si enferma, hay que ocuparse de ella. Los humanistas abogan, por tanto, por una coexistencia inteligente entre humanos y naturaleza que nos devuelva al equilibrio de la vida, del que nosotros formamos parte.

Si comprendemos la vida integrándola en los procesos planetarios globales, no solo desde su comienzo sino a lo largo de su evolución, es más fácil aceptar que un lugar como la Luna, que estaba intacto hasta hace poco más de sesenta años, ahora contenga más de 181 toneladas (¡181.000 kilos!) de materiales dejados allí por el hombre: 70 vehículos (entre los que se encuentran *rovers*, módulos lunares y sondas estrelladas en la superficie), 2 bolas de golf, paquetes vacíos de comida espacial, cámaras, martillos, palas, 12 pares de botas, la pluma de un halcón, 96 bolsas de orina, heces y vómitos; semillas de algodón, colza y patatas, huevos de moscas de la fruta y levaduras… La lista está lejos de ser exhaustiva.

---

[16] V. I. Vernadsky, *The biosphere* (Copernicus, 1998). Véase también: Vaclav Smil, *The Earth's Biosphere: Evolution, Dynamics, Change* (MIT Press, 2002).

Recuperar nuestra basura es caro, por eso la dejamos allí. Pero ahora, al menos, hemos aprendido a tener cuidado cuando se trata de estrellar sondas. El método habitual para acabar con las misiones que enviamos a otros cuerpos celestes, cuando no están diseñadas para el aterrizaje, es hacerlas impactar sobre su superficie. En el impacto siempre se aprende algo, es una manera natural de controlar el final de una misión que, de no hacerlo así, acabaría igual con el tiempo a causa del rozamiento. Lo que hacemos es, simplemente, forzarlo para que ocurra mientras podemos verlo. Lo que dice mucho sobre nosotros mismos es que no hayamos puesto cuidado en preservar un lugar como la Luna, que permanecía impoluto antes de nuestra llegada. Ni siquiera hemos diseñado un programa específico de contaminación para nuestro satélite[17], pero sí que hemos desarrollado interés en no modificar los lugares que ya son importantes para la historia humana. El mar de la Tranquilidad ya tiene reconocido su estatus como patrimonio histórico, lo que le garantiza una cierta protección frente a colisiones de naves espaciales. Los humanos hemos decidido que en nuestro satélite existen lugares que hay que preservar.

---

[17] El protocolo de contaminación se refiere a la posible forma de contaminación biológica de un cuerpo planetario por una sonda o nave espacial. El Tratado del Espacio Exterior garantiza que las naves que salen de la Tierra estén esterilizadas, y también tiene como objetivo evitar la contaminación de la Tierra. A los astronautas y a las muestras tomadas en la Luna se los puso en cuarentena a su regreso. La guía de protección trata de preservar los cuerpos celestes para que puedan ser estudiados en detalle sin ser contaminados por nuestra presencia. Si el cuerpo objetivo tiene el potencial de proporcionar pistas sobre la vida o la evolución química prebiótica, una nave espacial que vaya hasta allí debe tener un mayor nivel de limpieza, y se le pueden imponer restricciones operativas. Las naves espaciales con destino a cuerpos celestes con el potencial de soportar la vida de la Tierra deben someterse a procesos rigurosos de limpieza y esterilización, y aún a mayores restricciones operativas.

Banderas blancas

Aunque existe un acuerdo internacional para que ninguna nación pueda reclamar propiedad sobre la Luna, los estadounidenses decidieron colocar una bandera en cada una de las misiones Apolo que tocaron su superficie; o sea, seis. La del *Apolo 11* era de nailon y no tenía nada especial; la compró una secretaria en la tienda más próxima por apenas 5,50 dólares, y la adaptaron para que los astronautas la pudieran colocar.

Se cree que, probablemente, la bandera del *Apolo 11* no sobrevivió a la exposición de los gases de ignición durante el despegue del módulo lunar. Si lo hizo, ahora será blanca. Expuesta durante años a la acción de la radiación ultravioleta del Sol, los colores de una bandera se desvanecen. Sucedería también en la Tierra, pero en la Luna ocurre con más rapidez sin el filtro de radiación que proporciona la atmósfera terrestre.

La misma suerte han debido correr las otras cinco banderas. Si no se han desintegrado bajo la acción de los micrometeoritos, las variaciones de temperatura entre el día y la noche, de casi trescientos grados, y la exposición directa a la luz solar las habrán ido convirtiendo, con el paso del tiempo, en banderas blancas. La Luna se ha rendido ante nosotros.

Y eso que los terrícolas, aunque no dejemos de estrellar naves contra su superficie, fuimos en son de paz. O, al menos, así reza la placa que colocaron Armstrong y Aldrin en el mar de la Tranquilidad: «Vinimos en son de paz, en nombre de toda la humanidad».

5. El ritmo del tiempo

Emancipate yourselves from mental slavery
None but ourselves can free our minds
Have no fear for atomic energy
'Cause none of them can stop the time

Bob Marley, *Redemption Song.*

En la mitología griega, es Cronos quien lleva la cuenta del tiempo. Su castigo es tener que medirlo. La historia de cómo, por qué y por quién fue castigado daría para unas cuantas telenovelas. Por simplificar e ir al grano, podemos resumirlo así: la madre de Cronos convenció a su hijo para que cortase los genitales con una hoz a su propio padre (que ya tenía bastante con llamarse Ouranos, Urano), y que en realidad también era su tío, hermano de su madre. El padre-tío de Cronos, que era además señor del mundo, cabreado con razón tras la castración, maldijo a su vástago diciéndole: «Que tus hijos te destruyan como tú me has destruido a mí».

A partir de ahí, la estrategia de Cronos, que desde entonces ya no se despegaría de su hoz, fue muy sencilla: «Para que mis hijos no me destruyan, me los zampo cuando nazcan». Con lo que el problema se habría solucionado para siempre… si no fuera porque una profecía es una profecía, y en la literatura clásica tienen tendencia a cumplirse. El caso es que, antes de parir a su sexto hijo, la mujer de Cronos se hartó y, haciéndole creer con una treta que se había vuelto a tragar a uno de sus cachorros, en realidad lo escondió en la isla de Creta para que creciera, se convirtiera en el gran Zeus y pudiera vengarse de su padre por, entre otras cosas, comerse a sus hermanos.

Será Zeus quien finalmente dé cuenta de la maldición de su abuelo, destronando a su padre y liberando a sus hermanos, que durante todo este tiempo habían permanecido en el estómago de Cronos[18].

Como castigo, Zeus impuso a Cronos viajar por el mundo en soledad, llevando cada día la cuenta de la eternidad. Y suerte tuvo de tener que contar solo días porque los minutos y segundos todavía no se habían inventado, que si no hasta los picosegundos (la billonésima parte de un segundo) le habría hecho contar. Desde entonces, el viejo padre del tiempo viaja con su hoz para recordarnos a los humanos la inevitabilidad del tictac de los relojes. Es curioso que la muerte también venga a buscarnos con guadaña.

---

[18] El titán Cronos no debía tener unos ácidos gástricos muy potentes, o los cinco hijos que se comió eran inmunes al ácido clorhídrico. No tengo manera de corroborarlo, pero me decanto por la primera opción. Aunque los cinco bebés serían después los primeros dioses (Hera, Poseidón, Deméter, Hades y Hestia), y un dios tiene muchos poderes, la inmunidad al jugo gástrico nunca ha sido reportada ni en las fuentes más fiables (como Hesíodo). Mi razonamiento sigue la lógica de lo que representan esos dioses regurgitados enteros. Es fácil de justificar que el ácido bien diluido no tenga efecto sobre el mar o el inframundo, pero me cuesta más buscar una manera de que no afecte a la mujer, al grano o al hogar. Concluimos, pues, que el titán Cronos era pobre en jugos gástricos.

Big Bang: el tiempo del todo

Para la cosmología moderna, el tiempo comienza en el Big Bang. El nacimiento del universo y todo lo que contiene está marcado por la singularidad que conocemos como la gran explosión. Con ella empieza a correr el reloj de la historia cósmica. Solo hizo falta el tiempo suficiente y una pequeña asimetría en la relación entre las cantidades de materia y antimateria, para que las cuatro fuerzas fundamentales construyesen a partir de la sopa energética primordial playas, koalas, frambuesas, serotonina y cucarachas.

Si en el Big Bang da comienzo el tiempo, la edad del universo es el tiempo transcurrido desde entonces. Esa cifra, la constante que aparece en la recién renombrada ley de Hubble-Lemaître, es una pieza clave en el rompecabezas de nuestros orígenes. Sin ir más lejos, uno de los principales objetivos científicos del diseño del *Hubble* (el telescopio, no el astrónomo) era obtener una medida más precisa de esa constante. Y en los casi treinta años en los que lleva dando vueltas sobre nuestras cabezas, nos ha permitido asomarnos a la belleza del mundo que nos rodea, medir la constante con mayor precisión y descubrir la energía oscura.

Y es que la edad, cuando hablamos del universo, es un número bastante imponente. Con una antigüedad de aproximadamente 13.800 millones de años, lo tenemos muy difícil para celebrar su cumpleaños, porque no podemos establecer con precisión cuál fue el momento en el que todo empezó. Diferentes métodos para calcularlo nos dan diferente número de velas, unos cuantos millones de años arriba, unos cuantos millones de años abajo, y eso es un problema. Porque para estar seguros de que la teoría científica que hemos construido para explicar nuestros orígenes es válida, tiene que mostrar consistencia interna cuando se realizan medidas independientes, y, además, ser corroborada por los datos. Porque, como dijo Richard P. Feynman:

No importa lo bella que sea tu teoría, no importa lo inteligente que seas. Si no está de acuerdo con los experimentos, está equivocada. En esa frase simple se encuentra la clave de la ciencia.

Las estrellas más viejas que existen no pueden ser anteriores al comienzo del universo como tal. Y las medidas a partir del fondo cósmico de microondas[19] tienen que coincidir con las que se obtienen a partir de las medidas de expansión del universo que utilizan las violentas explosiones de supernovas. Mi corazón no puede tener más años que mis pulmones, porque todos empezaron a funcionar a la vez.

Podríamos preguntarnos: si tenemos que colocar 13.766.000.000 velas en una tarta de cumpleaños, ¿realmente importa si faltan o sobran unas cuantas? En esa fiesta de la vida a la que estamos invitados absolutamente todos, orugas y rinocerontes, mosquitos y amebas, planetas y púlsares, ¿iba alguien a estar tan aburrido como para ponerse a contarle las velas a la tarta? Pues sí porque, aunque pueda parecer fantasía, existen unos cuantos seres humanos en este planeta que se dedican a buscarle la fecha de nacimiento al universo, escudriñando la noche para averiguar su edad. Y no, no se aburren.

Esta historia, la que nos cuenta la cosmología moderna, está escrita ya no en el lenguaje del mito, sino en el de las matemáticas. Las matemáticas nos permiten expresar las leyes de la física de una forma relativamente simple, aunque un poco más abstracta que la realidad a la que estamos acostumbrados.

---

[19] Así se llama la radiación remanente del Big Bang que se detecta en radiofrecuencias y nos cuenta cómo era el universo cuando solo tenía 380.000 años. El fondo cósmico de microondas es una señal muy débil que nos deja ver hacia atrás en el espacio, lo que equivale a mirar hacia atrás en el tiempo, porque la luz lo necesita para viajar desde su origen hasta nuestros telescopios. Fue descubierta por accidente por Robert Wilson y Arno Penzias en 1963, aunque se había predicho teóricamente su existencia. Ambos recibieron el premio Nobel en 1978 por este descubrimiento.

Salvo contadas excepciones de individuos con sinestesia, no podemos tocar ni oler las ecuaciones. Quizás por eso resultan menos tangibles para algunos. Y sin embargo, pese a lo impalpables que resultan, configuran las leyes de la física que nos describen un mundo donde somos capaces, entre otras cosas, de volar, de respirar bajo el agua, de comunicarnos a distancia y de viajar más rápido de lo que nos permiten nuestras piernas. También hemos conseguido encender la noche, navegar con una pantalla de teléfono en nuestras manos, meter a orquestas enteras en un pequeño auricular colocado en nuestra oreja y al mundo entero en una pantalla plana (el televisor, ojo).

La ciencia es una herramienta y, como toda herramienta, es esclava de la intención de la mano que la sujeta: hemos llegado a la Luna, pero también detonado la bomba atómica. La ciencia no es perfecta, está construida por humanos, y adorarla ciegamente no es una opción. Tampoco lo es temerla como si se tratase de un dios capaz de desencadenar las diez plagas de Egipto[20]. Aunque a veces no se entienda cómo funciona, porque se desconoce el lenguaje en el que está escrita, no es justo desconfiar completamente de ella como hacen movimientos que parecen buscar conspiraciones por doquier. Es como si, porque no entendemos lo que dicen los alemanes, los rusos, los italianos o los chinos, automáticamente comenzásemos a desconfiar de ellos y a odiarlos... Un momento... ¡pero si eso es precisamente lo que hacemos! Odiamos

---

[20] Calamidades sobrenaturales que, según la Torá y el Antiguo Testamento, Dios infligió a los egipcios. Incluyeron aguas convertidas en sangre, lluvias de granizo y fuego, plagas de ranas, piojos, mosquitos, moscas, pulgas, langostas y sarpullidos. Barbara J. Sivertsen, en *The parting of the Sea* (Princeton University Press, 2009) demuestra que los hechos narrados en el Éxodo, en realidad, pudieron ser dos sucesos separados, ambos desencadenados por erupciones volcánicas, y que proporcionarían explicación científica tanto de las diez plagas, como de la separación de los mares. Es fascinante cómo la narrativa de eventos geológicos de la historia reciente de la humanidad puede transformarse en mito.

a nuestros semejantes porque no los entendemos, porque hablan otro idioma, porque son diferentes. El miedo que produce el desconocimiento, la ignorancia que alimenta el odio es algo que a estas alturas de la historia de la humanidad deberíamos aprender a tratar como una enfermedad más. Es una epidemia que se propaga rápido, nos condena y nos mata en mayor medida que el cáncer[21].

El problema, a menudo, empieza con las palabras, porque son ambiguas y dan lugar a malentendidos. Las ecuaciones, no. Si menciono la palabra *oso* a una niña china, probablemente visualice un oso panda; si es peruana, uno andino, y si es noruega, uno polar. Sin embargo, un norteamericano adulto, a partir de la palabra inglesa *bear*, podría imaginarse a un equipo de fútbol, al Oso Yogui, a un *grizzli*, o un bar repleto de hombres con pantalones de cuero y cinturones con tachuelas.

Las palabras que tan felices o desdichados pueden hacernos no son suficientes para contar la magnífica historia del Big Bang en todo su esplendor, son demasiado imprecisas.

La abstracción y la simplicidad que se alcanzan con el lenguaje matemático que expresan las leyes de la física no se pueden atrapar con palabras. Aun así, intentamos hacer la traducción del lenguaje matemático al del mundo.

El tiempo, en realidad, no existe. Sin embargo, nos hemos pasado gran parte de la historia de la humanidad intentando capturarlo. Hemos construido relojes de sol, de arena, de agua, de fuego, mecánicos y atómicos. Al mirar las manecillas de un reloj sentimos que se nos escapa algo valioso.

---

[21] De los 6.000 millones de personas que vivieron durante el siglo xx, 980 millones murieron por la mano del hombre (causas no naturales: guerras, accidentes, suicidios, contaminación producida por los seres humanos, etcétera) y 530 millones por cáncer (David McCandless, *Information is Beautiful*: https://informationisbeautiful.net/2013/20th-century-death/).

Apenas hace cien años que aprendimos que no podemos hablar del tiempo sin mencionar el espacio. Descubrimos que están ligados, que no son independientes. Y en ese mismo siglo nos ha dado tiempo a modificar la concepción del espacio-tiempo dos veces, una con la teoría de la relatividad especial y otra con la de la relatividad general, ambas obra de Einstein.

Pero ¿qué es el tiempo?, ¿cuál es su naturaleza?, ¿de qué está hecho? No es algo que podamos ver, tocar, lamer, porque no es tangible. No existe. Es una construcción mental que generamos desde niños a medida que se desarrollan nuestros cerebros, y que nos permite darle sentido al mundo que vemos, ese lugar donde las cosas se mueven, se caen y, si están vivas, se levantan.

Antes teníamos los ciclos lunares, las estaciones y las sensaciones. La Luna marcaba los cambios más allá de la alternancia del día y la noche. Pero llegó Newton y dotó al tiempo de un carácter diferente; se hizo absoluto, independiente de todo. Ese tiempo igual para todo el mundo es el carril sobre el que construyó sus ecuaciones. Resulta muy difícil pensar en las leyes de la física sin contar con el tiempo, como es muy difícil imaginarse un tren que avance sin raíles. Si no los usa, entonces es otra cosa, un camión o un autobús. Pues bien, la física es un tren que se desliza sobre los carriles del tiempo. Para Newton, todo se movía según ese tiempo que no tenía relación con nada.

Einstein fue el primero en comprender que, en realidad, el tiempo es relativo, y que las masas lo ralentizan del mismo modo en que lo hace la velocidad. Y es que nos hizo redescubrir lo que ya intuíamos antes de Newton, que no pasa igual el tiempo cuando aguardamos a alguien a quien tenemos ganas de ver que cuando esperamos el autobús o cuando nos duele una muela. De algún modo, el tiempo se hace interminable si prevemos una llamada importante. Los veranos se estiraban, eternos, cuando éramos niños. Einstein, con sus dos teorías, nos proporcionó una forma radicalmente nueva de movernos por el espacio-tiempo usando las ecuaciones de la física. El espacio-tiempo, además de relativo, pasó a ser algo dinámico.

El tiempo pasa más despacio cuando te mueves, solo que tienes que hacerlo muy deprisa. La velocidad tiene esa propiedad tan característica del aburrimiento: dilata el tiempo. Y el ahora solo existe aquí, en este lugar. Y, sin embargo, todavía no entendemos el tiempo; es una propiedad extraña, diferente a las demás que conforman el mundo. El espacio-tiempo se mueve, se retuerce, se curva, se ondula y se dobla. El espacio-tiempo baila y lo hace al ritmo de la gravedad. No me negarán que la física contemporánea es pura poesía.

Una vez llegados a este punto, vamos a dejar aparcado el Tiempo, con mayúscula, el imponente, para ocuparnos del tiempo con minúscula, el pequeño, el que ocurre a nuestra escala humana.

El ritmo circadiano

En 1938, un biólogo especializado en fisiología, el profesor Nathaniel Kleitman, de la Universidad de Chicago, y su estudiante de doctorado Bruce H. Richardson, decidieron encerrarse durante seis semanas en la cueva más extensa que se conoce, la cueva Mammoth (Mamut), en el estado de Kentucky. Seguros de que la luz solar no penetraría la oscuridad de la caverna, se pertrecharon con comida, agua, dos camas y aparatos para medir su temperatura y sus ritmos de sueño. Imagino que también un par de orinales, pero esos los he puesto yo. Formaban parte de esa estirpe de investigadores intrépidos que hacían ellos mismos de cobayas humanos y de los que ya apenas quedan, quizás por una simple regla de selección natural. Querían probar si los humanos tenemos alguna manera de medir nuestro propio tiempo interno.

La obsesión de Kleitman era probar cómo se generaba el ciclo del sueño en ausencia de señales ambientales como la luz solar o la temperatura. Ya se conocía que ese reloj biológico existía en algunas plantas. Al tomar medidas en un entorno de total oscuridad probaron que los cuerpos humanos mantienen un ciclo en su temperatura corporal de aproximadamente veinticuatro horas, incluso en ausencia de influencias ambientales, y que los ciclos del sueño están íntimamente ligados a esos periodos.

Hoy sabemos que la duración media del ciclo interno humano en adultos es de veinticuatro horas y quince minutos, y que lo que hace la luz solar es reiniciar ese reloj interno cada día. Lo devuelve a las veinticuatro horas que tarda la Tierra en rotar sobre su eje con respecto al Sol. Este ritmo, el ritmo de la vida, se llama ritmo circadiano, y lo marca, por tanto, la rotación de nuestro planeta.

No es casualidad que nuestros cerebros estén sincronizados con la alternancia de la luz solar, es la señal regular más obvia en la superficie del planeta. En 2017, el Premio Nobel de Medicina lo recibieron tres estadounidenses: Jeffrey C. Hall, Michael Rosbash y Michael W. Young, por descubrir los mecanismos moleculares que explican los ritmos circadianos. O lo que es lo mismo, cómo las plantas, los animales y los humanos han adaptado su ritmo biológico para sincronizarlo con las rotaciones de la Tierra.

Los seres vivos tenemos un mecanismo interno que opera como un reloj. Ese reloj regula las propiedades básicas de los organismos: la temperatura corporal, el metabolismo, los niveles de hormonas y la conducta, y todas ellas varían a intervalos temporales regulares. Y lo mismo sucede con la mayor parte de las especies vivas. Todo organismo en el planeta con una esperanza de vida de más de varios días genera este ciclo natural acompasado con las fases regulares de luz y oscuridad que representan el día y la noche.

La biología se mueve al ritmo marcado por la rotación de la Tierra. Existen mecanismos químicos que marcan el ritmo del día hasta en las células elementales.

Todos los animales duermen, desde los gusanos a las moscas, las ranas y los camaleones, los murciélagos y las truchas. Pero solo los pájaros y los mamíferos sueñan. Nuestros parientes más cercanos (gorilas, monos, orangutanes y chimpancés) duermen una media de quince horas. Nosotros, apenas ocho. Y aunque dormimos menos que el resto de los primates, soñamos más. Soñar es lo que nos hace humanos.

La clave parece residir en el número de horas que pasamos en la fase REM (o lo que es lo mismo, soñando) cuando estamos dormidos. Entre un veinte y un veinticinco por ciento de nuestras horas dormidos están dedicadas a soñar, frente al nueve por cierto del resto de los primates.

Una noche, Selene, la diosa griega de la Luna, mientras viajaba por los cielos, se enamoró de un joven pastor que dormía desnudo a la entrada de una cueva en el monte Latmo. Endimión era bello, pero iluminado por los rayos lunares debía serlo aún más. Algunos dicen que Selene lo besó con tal fervor que lo dejó soñando para siempre. Otros dicen que fue la dulce sonrisa del pastor mientras dormía lo que sedujo a la Luna, y que esta lo puso a dormir eternamente para asegurarse de que siempre permanecería así. En lo que sí coinciden las diferentes narraciones es en que tuvieron cincuenta hijas. Se cree que podrían representar el número de meses lunares que dura cada olimpiada. También dicen que cuando Selene se oculta tras una montaña es para hacerle el amor a Endimión. El secreto que aún guardan ambos es la naturaleza de su relación: ¿será fisiológica u onírica?

Se enamore o no de nosotros, la Luna está ahí cuando soñamos porque, como bien dijo Verne, es el astro de la noche. No existe evidencia sólida que confirme la influencia de sus ciclos en el sueño de los humanos pero, a pesar de ello, de nuevo la creencia popular lo da por hecho. Se han buscado científicamente evidencias de esa relación y no se ha encontrado nada, salvo un par de estudios con muestras muy pequeñas y sesgadas en el sexo y la edad de los sujetos, y que trabajos posteriores, con muestras más amplias, no han corroborado.

Pero entonces ¿por qué persiste la creencia en la influencia de la Luna en los humanos? Volveremos a ello más adelante, pero una posible causa es lo que se conoce en ciencia como «el problema del archivador». Este problema hace referencia a un sesgo en las publicaciones científicas que dice que es más fácil que los autores envíen —y los editores acepten— trabajos con resultados positivos que negativos. Los investigadores que escanean sus datos en busca de una relación entre el sueño y las fases lunares y no encuentran nada consideran que no merece la pena publicarlos, y esos trabajos acaban en el archivador.

Donde sí tenemos la certeza de la influencia de la Luna es en la velocidad a la que rota nuestro planeta, que a su vez determina los patrones de actividad de los seres vivos que estamos en su superficie. Hasta las bacterias tienen fases activas y pasivas que se corresponden con las fases del día y la noche de la Tierra. Ahí sí que tenemos una profunda influencia lunar; no hay que buscar más allá.

Nuestro satélite está ligado al patrón de giro de nuestro planeta, y lo mismo sucede al revés, el de la Luna al nuestro. La Tierra y la Luna se mueven como dos bailarines, giran juntos y bailan bien. Son una pareja de baile sincronizada al ritmo que marca su mutua influencia gravitatoria. La suya es una relación de fuerzas, de fuerzas de marea que determinan la longitud del día en la Tierra, y esta, a su vez, los patrones de actividad e inactividad de la mayor parte de los seres vivos del planeta. O, al menos, de los que tienen la capacidad de soñar.

La influencia de la Luna es obvia para la física, pero un poco más difícil de explicar con palabras. Volveremos sobre ello más adelante.

Calendarios y relojes

Se sabe de un viajante de comercio a quien le empezó a doler la muñeca izquierda, justamente debajo del reloj pulsera. Al arrancarse el reloj, saltó la sangre: la herida mostraba la huella de unos dientes muy finos.

Julio Cortázar, «Instrucciones-ejemplos sobre la forma de tener miedo» de *Historias de cronopios y de famas.*

En las ciudades hemos perdido la noche a expensas de la seguridad. Las luces artificiales no nos permiten ver más que un puñado de estrellas brillantes. Y a la Luna, claro. Apenas hay árboles y la vida animal, si exceptuamos a nuestra especie y a los gatos (que, como todo el mundo sabe, son extraterrestres), no muestra mucha más diversidad de la que llevamos con correa y la que se esconde en las alcantarillas, incluyendo a su versión voladora, las palomas. En los últimos años en Madrid, por ejemplo, hay también miles de gaviotas que, como los turistas del norte, vienen a pasar el año, pero no en las playas, como podría ser lo lógico, sino en los vertederos.

Parece que nos hayamos desconectado de la naturaleza, pero no es así. La naturaleza se mueve al ritmo que marca la posición relativa de nuestro planeta con respecto al Sol, y nosotros con ella. Más allá de los ciclos de luz y oscuridad de veinticuatro horas de los que hablamos antes, y con los que operamos a nivel celular, estamos sujetos a las variaciones de temperatura y luz que inducen las estaciones. Las hojas de los árboles cambian de color y se caen en otoño o en primavera, según el hemisferio; la fruta madura, los cereales espigan y la lluvia llena los ríos. Y a medida que se repiten esos ciclos, apreciamos cómo crecen los niños y el pelo, y cómo envejecen las manos y los abuelos. El tiempo pasa.

El cambio forma parte de nuestra percepción más básica, solo que, para poder contarlo y medirlo, necesitamos referencias. En la Antigüedad, antes de que se inventaran los relojes, nuestro tiempo venía marcado a pequeña escala por los días. Desde nuestro lugar de referencia en la superficie del planeta, el Sol sale cada día por el este y se pone por el oeste. Y lo ha hecho así desde el comienzo de los tiempos, que para nuestro planeta y nuestra estrella es, aproximadamente, hace 4.540 millones de años. Vista desde fuera, la Tierra gira en torno a su eje de oeste a este; si miramos desde el polo norte, es un giro en el sentido contrario al de las agujas del reloj. El día es una unidad sencilla de medida: solo hay que esperar a que amanezca de nuevo.

La Tierra gira desde que se formó. La velocidad de rotación es de poco más de veinticuatro horas con respecto al Sol, o de 23 horas, 56 minutos y 4 segundos con respecto a las estrellas fijas. Esa es la duración del día terrestre. En planetas con velocidades de rotación más rápidas, los días, con sus noches, son más cortos. Júpiter, por ejemplo, tarda 9 horas y 50 minutos en hacer lo que la Tierra en 24 horas: los días en Júpiter pasan volando. Si, por el contrario, el planeta gira lentamente, las noches son más largas que las nuestras. En Venus, por ejemplo, no es que las noches sean largas, es que son casi eternas: el planeta rota tan despacio que tarda algo más de 243 días terrestres en completar un giro. En Mercurio, sus días tienen poco que envidiar a sus años: 58,7 días terrestres dura un día allí, frente a los 88 de su año.

El año y el mes lo manejamos con los calendarios que se construyen basados en el movimiento relativo de los cuerpos celestes más importantes para nosotros, el Sol y la Luna. Un año mide la duración de nuestro viaje alrededor del Sol, y el mes lunar es lo que tarda nuestro satélite en dar una vuelta a la Tierra. Lo podemos identificar fácilmente gracias al ciclo del cambio lunar.

La placa encontrada en Abri Blanchard, en una cueva de la Dordoña francesa, es un pequeño trozo de hueso plano cubierto de muescas que Alexander Marshack, en su libro *The Roots of Civi-*

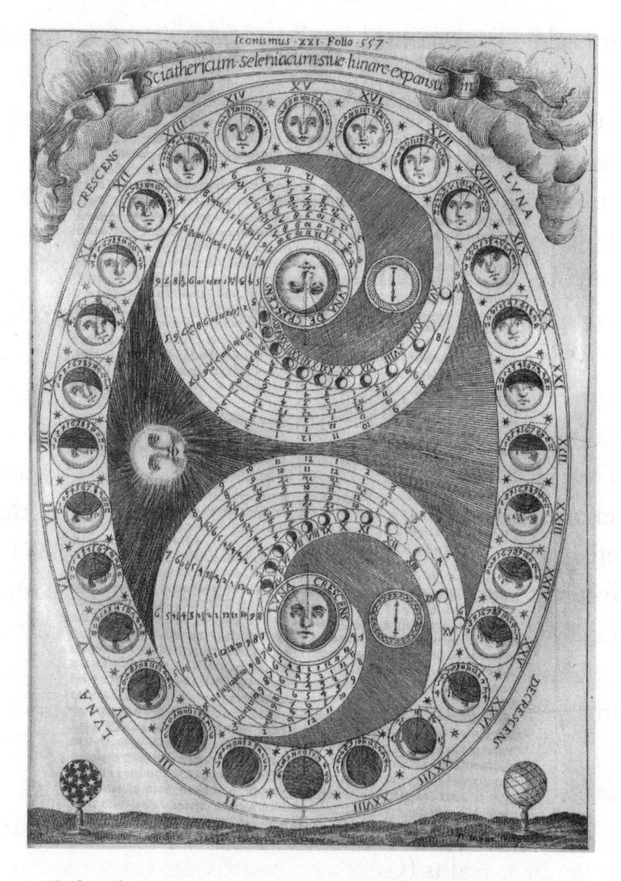

Calendario lunar del *Ars Magna Lucis et Umbrae*,
de Athanasius Kircher (1645-1646).

vilization, interpretó como representaciones de las fases lunares. El hueso, que se cree fue labrado por un hombre de Cromañón, data del periodo Auriñacense, unos 25.000 años a. C. Marshack argumentó que la civilización hunde sus raíces en estos registros de las fases lunares ya que esas marcas, según él, demuestran una comprensión del tiempo propia del pensamiento racional, lo que habría sentado las bases para la evolución de los restantes modos de pensamiento «determinados por el tiempo» como la astronomía, la agricultura, las matemáticas, la escritura y el calendario.

Como no podemos saber qué pensaba la persona que hizo las 69 marcas en el hueso del Abri Blanchard, la interpretación de las incrustaciones de la placa como un antiguo calendario lunar es ambigua, porque no son completamente obvias. Lo que sí está claro es que, en algún momento de la evolución del ser humano, tuvimos la necesidad de medir el paso del tiempo en ciclos temporales largos, y la Luna nos permitió desde la época de nuestros ancestros hacerlo de manera sencilla. Solo había que observar sus fases.

Si el día lo marca la rotación de la Tierra, el mes el ciclo de la Luna y el año la rotación de la Tierra en torno al Sol, ¿de dónde sale la semana?

Podría tener su origen en los siete planetas clásicos, los «errantes en el cielo»: la Luna, Marte, Mercurio, Júpiter, Venus, Saturno y el Sol; los siete formaban un todo, y casi toda la simbología de siete elementos en el mundo deriva de este modelo celeste construido sobre siete esferas.

En las religiones abrahámicas, el origen de la semana se marca como el tiempo que tardó Dios en crear los cielos y la tierra y todo lo que hay en ellos (Génesis, 1:1-2:4). La menorá, uno de los objetos rituales más importantes del judaísmo, también tiene siete brazos. Se piensa que las siete lámparas podrían aludir a las ramas del conocimiento humano, o quizás sea un símbolo evocativo de la historia de la creación.

El número siete era sagrado no solo para los hebreos, sino también para otros pueblos de la Antigüedad. Siete es el número de Dios y, por tanto, representa también la perfección, el poder y lo sagrado. Siete son los pecados capitales y siete las virtudes que los contrarrestan. Siete son los espíritus de Dios. Los griegos eligieron siete maravillas del mundo porque así se representaba el *summun*, lo más valioso de todo.

El número siete indicaba perfección en la Antigüedad, pero en la actualidad hemos preferido liberarlo de esa carga. Cuando en Mesopotamia dividieron el tiempo en semanas lo hicieron con siete días, los mismos siete, con descanso incluido, en que creó Dios el mundo. Los mares se clasificaron en siete. Dante, en su *Divina comedia*, habla de los nueve niveles celestiales, aunque «estar en el séptimo cielo», el de Saturno, haya quedado como sinónimo de estar muy bien. El primer cielo, el de la Luna, según Dante, se caracteriza por su falta de constancia y corresponde a los espíritus débiles.

Pero pensemos un poco más. La Luna pasa por cuatro fases bien diferenciadas: cuando está completamente iluminada, está llena; cuando lo está en una mitad solamente, es cuarto menguante o creciente, y la cuarta fase es la luna nueva, cuando está oscura. Contando así las fases de la Luna hay cuatro ciclos de siete días; así es fácil entender el origen del mes y de la semana.

Al coincidir el siete con el número de planetas conocidos en la Antigüedad, que no eran más que los astros errantes en el cielo, se interpretó la semana como unidad natural surgida de la propia estructura del universo. Por eso, cada día se relaciona con un planeta. En castellano, *sábado* proviene de *shabat*, el día de descanso judío, y *domingo* de *Dies domini*, o «día del Señor». En inglés, conservan su origen en el nombre de los planetas: *Sunday*, día del Sol, y *Saturday*, día de Saturno. *Lunes*, claro, fue el día reservado para la Luna.

La Revolución francesa introdujo un nuevo calendario, en el que el primer año coincidía con el de la proclamación oficial de la República, 1792. Mantuvieron los doce meses, pero hacían una división mensual equitativa con semanas de diez días. Esa fue la contribución de los matemáticos, además de una medida decimal de tiempo (el día se dividió en diez horas de cien minutos de cien segundos, exactamente cien mil segundos). Los poetas contribuyeron dando nombre a los días, y cada uno recibió el nombre de una semilla, un árbol, una flor, una fruta, un animal o una herramienta, y así desplazaron a los santos y a las festividades cristianas. El calendario republicano estuvo vigente doce años, hasta que fue abandonado por Napoleón el 1 de enero de 1806.

Reloj revolucionario francés con semana de diez días (décadas).
(Neuchâtel Arts and History Museum, foto de Ludo29& Rama, CC).

Los astros nos proporcionan la medida del tiempo a escalas grandes, y diferentes culturas en la superficie de nuestro planeta han hecho esas cuentas, cada una a su modo.

Al parecer, Tuiavii de Tiavea, jefe de una pequeña aldea samoana del Pacífico Sur, viajó a Europa a principios del siglo xx. A su regreso, escribió unos discursos dirigidos a su pueblo polinesio en los que describió su visión del hombre blanco, *Los Papalagi*, que habrían llegado hasta nosotros gracias al escritor Erich Scheurmann. En ellos dice así:

Porque los Papalagi siempre están asustados de perder su tiempo, no solo los hombres, sino también las mujeres y hasta los niños pequeños, todos saben exactamente cuántas veces el sol y la luna se han levantado desde el día en que vieron la gran luz por primera vez. Sí; juega un papel tan importante en sus vidas, que lo celebran a intervalos regulares, con flores y fiestas.

No en todo el mundo se celebran los cumpleaños y no por ello son ni más ni menos felices. El tictac de los segundos es una cadencia arbitraria, no hay nada esencial en ese ritmo, como tampoco lo hay en las horas que marcan las manecillas de un reloj. Sí que lo hay, sin embargo, en los ciclos de luz. La vida que somos baila a ese ritmo, y quien se mueve es el planeta. La velocidad de giro de la Tierra y el ángulo de inclinación de nuestro planeta con respecto al Sol son importantes para la vida, pues marcan los días y las estaciones.

Los mayas tenían dos calendarios, el sagrado de 260 días y el ordinario de 365. El sagrado estaba dividido en trece meses de veinte días cada uno, y el ordinario en dieciocho meses, también de veinte días, aunque al final de cada año largo se le sumaban otros cinco. El que utilizamos hoy es de 365,24 días, razón por la que, cada cuatro años, existen los 29 de febrero. Los incas contaban los ciclos de la Luna, y parece ser que los indios de Norteamérica no tenían calendario. Y es que un calendario no es algo muy útil para tribus nómadas.

Como no teníamos escalas naturales y fiables más cortas que el día, empezamos a construir aparatos para medir el tiempo a escalas más pequeñas. Así aparecieron los primeros relojes. La sincronización entre ellos fue el fruto de la sociedad industrial.

La Luna, las estaciones y la duración de los días

Desde que se formó nuestro planeta, su velocidad de giro no ha sido siempre la misma, lo que a su vez ha repercutido en la variación en la duración de los días. Y la responsable de ese cambio es la Luna.

Es la distancia que nos separa de nuestro satélite y la velocidad a la que giran ambos lo que ha marcado a lo largo del tiempo el periodo de rotación de la Tierra. La Luna ejerce una fuerza sobre nuestro planeta que no solo causa las famosas mareas en el mar, sino que también frena su rotación. Como consecuencia, el día terrestre se alarga. Esta fuerza de rozamiento la va haciendo cada vez más lenta con el tiempo, muy poco a poco, pero con el paso de millones de años ha acabado por modificar sustancialmente la velocidad de giro de nuestro planeta. En la época de los dinosaurios, el día duraba solo veintidós horas, frente a las veinticuatro actuales. Y continúa haciéndose cada vez más largo.

El día seguirá estirándose hasta convertirse en semanas, las semanas en meses y los meses en años. Así, cuando la Tierra gire tan despacio que tarde lo mismo en rotar sobre sí misma que en darle la vuelta al Sol, nos pasará lo mismo con respecto a él que lo que le sucede a la Luna con nosotros: le mostraremos siempre la misma cara. Eso sí, nosotros no emitimos calor como sí hace el Sol, así que, en consecuencia, uno de los lados estará asándose todo el tiempo, mientras que el otro siempre estará frío.

Además, sin la Luna, el eje de rotación o de inclinación de la Tierra sería inestable. El nuestro forma un ángulo de 23,5 grados con respecto al plano orbital. Ese eje tiene un movimiento que llamamos precesión y que, a lo largo de periodos muy largos, de varios miles de años, va variando entre 22,1 y 24,5 grados. La Luna ejerce de fuerza estabilizadora; Marte, por ejemplo, que no tiene un satélite como el nuestro, ve cómo su inclinación varía diez veces más, llegando incluso a los 45 grados. Sin la Luna, nos iríamos de lado. Eso significaría que los polos no siempre estarían fríos y que el ecuador no siempre estaría caliente.

Este descenso del movimiento a pocos grados es necesario para la estabilidad climática; sin el equilibrio que nos ofrece la Luna, la Tierra podría inclinarse hasta 85 grados cada millón de años aproximadamente, causando cambios drásticos. Esto ajustaría la orientación de la Tierra al Sol de manera tan significativa, que la posición del Sol cambiaría hasta situarse directamente sobre los polos en lugar de sobre el ecuador, que es donde se encuentra actualmente. La vida no hubiese podido evolucionar con esos cambios radicales.

Volveremos sobre ello más adelante, cuando hablemos de la vida, la Luna y las fuerzas de marea.

El sistema copernicano reflejado en el *Atlas Coelestis* de Andreas Cellarius (1660). (British Library).

Papilla estelar, de Remedios Varo (1958).

Selene y Endimión, de Ubaldo Gandolfi (c. 1770). (Wikicommons).

Boceto de Georges Méliès para el impacto del proyectil en su película *Viaje a la Luna* (1902). (Wikicommons).

Salida de la Tierra tomada desde la sonda japonesa *Selene* (o *Kaguya*). (JAXA-NHK).

Criaturas lunares según Leopoldo Galluzzo, a partir del relato original publicado en *The New York Sun* por Richard Adams Locke (1836, Smithsonian Institution).

Despegue de un cohete Soyuz hacia la Estación Espacial Internacional. Con casi sesenta años ininterrumpidos de servicio, y actualmente aún en uso, los Soyuz son los cohetes más fiables que se han construido (NASA).

Aspecto del interior de un traje espacial (reddit).

«Luna de medianoche en el monte Yoshido», estampa de Tsukioka Yoshitoshi de su serie *Cien aspectos de la Luna* (1885-1892).

Representación del *Lunojod 1* instantes antes de comenzar a explorar la superficie lunar, aún sobre la sonda *Luna 17* con la que viajó hasta ella. © ITAR-TASS News Agency / Alamy Stock Photo.

Las huellas de un *rover* conducen hasta el módulo lunar de la misión *Apolo 14* (febrero de 1971).

Shiva de bronce con la Luna en su cabello (siglo xv).

Un técnico del simulador LOLA, en el Princeton Computation Center, da los últimos toques a una recreación de la Luna utilizada para entrenar a los astronautas del proyecto Apolo, en 1966 (NASA).

El astronauta Edward White flotando durante su paseo espacial en el *Gemini 4* (3 de junio de 1965). (NASA).

Astronautas del *Apolo 1* se entrenan en una piscina para ensayar el amerizaje en la base de la Fuerza Aérea Ellington en Houston (Texas). Edward H. White II (quien, un año antes, había sido el primer norteamericano en hacer un paseo espacial) permanece sentado en la balsa salvavidas y Roger B. Chaffee sale por la escotilla, mientras Virgil I. Grissom permanece dentro de la cápsula. La foto está tomada en junio de 1966; siete meses después, el 27 de enero de 1967, los tres fallecieron consumidos por el fuego mientras permanecían encerrados en la cabina durante una prueba previa al lanzamiento de la que habría sido la primera misión del programa Apolo (NASA).

Un astronauta del *Apolo 12* en la superficie de la Luna (noviembre de 1969). (NASA).

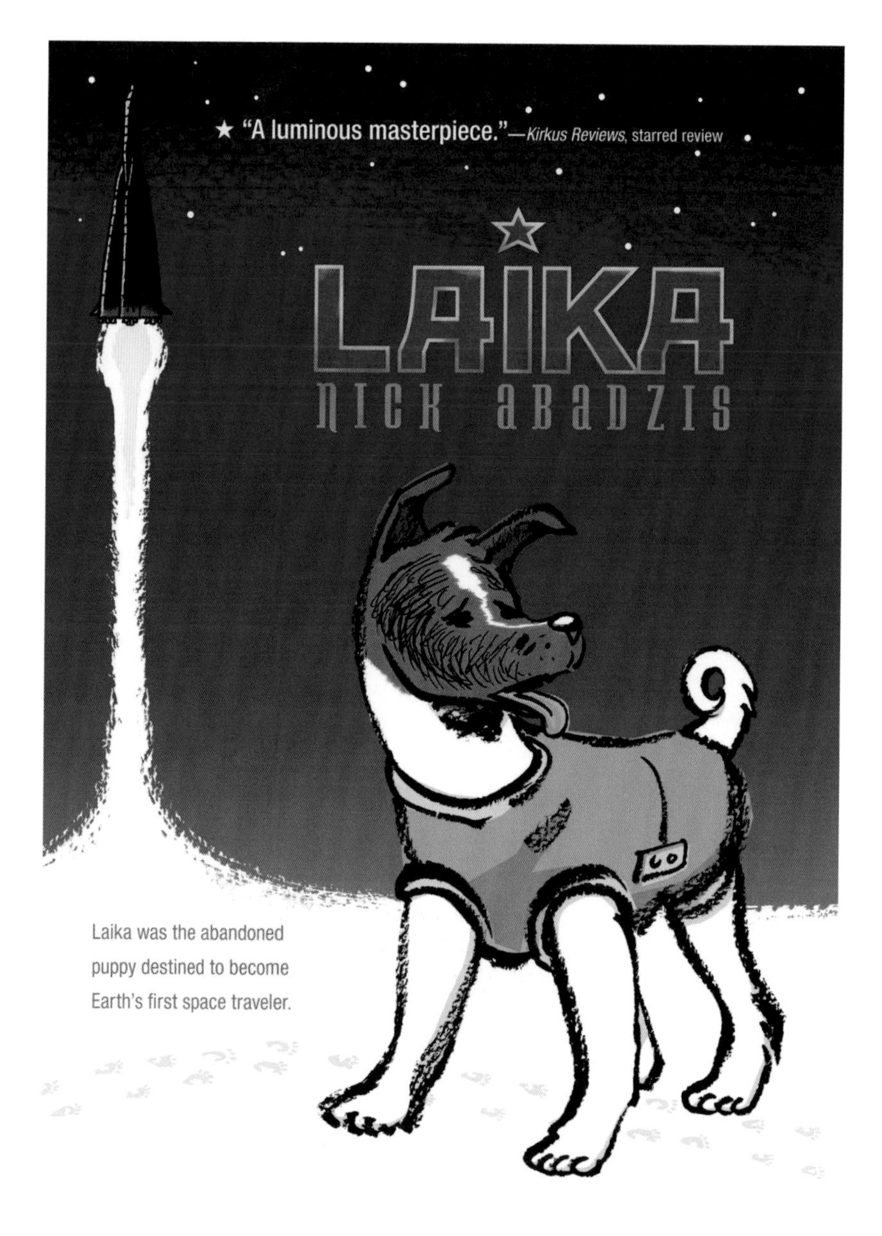

El imaginario del espacio ha inspirado a muchos autores de cómic, bien adaptando historias reales (*Laika,* de Nick Abadzis), anticipando los hechos (las aventuras de Tintín *Objetivo: la Luna* y *Aterrizaje en la Luna,* de Hergé), o bien sirviendo de inspiración para crear todo un universo (la serie *Saga,* de Brian K. Vaughan y Fiona Staples, ed. Planeta Cómic).

- HERGÉ -
LAS AVENTURAS DE
TINTÍN
ATERRIZAJE EN LA LUNA
Editorial Juventud

FIONA STAPLES
BRIAN K. VAUGHAN
Saga
CAPÍTULO
OCHO
FS'17
Planeta Cómic

Bayou bajo la luz lunar, por James Hamilton, 1864 (Museum of Fine Arts, Boston).

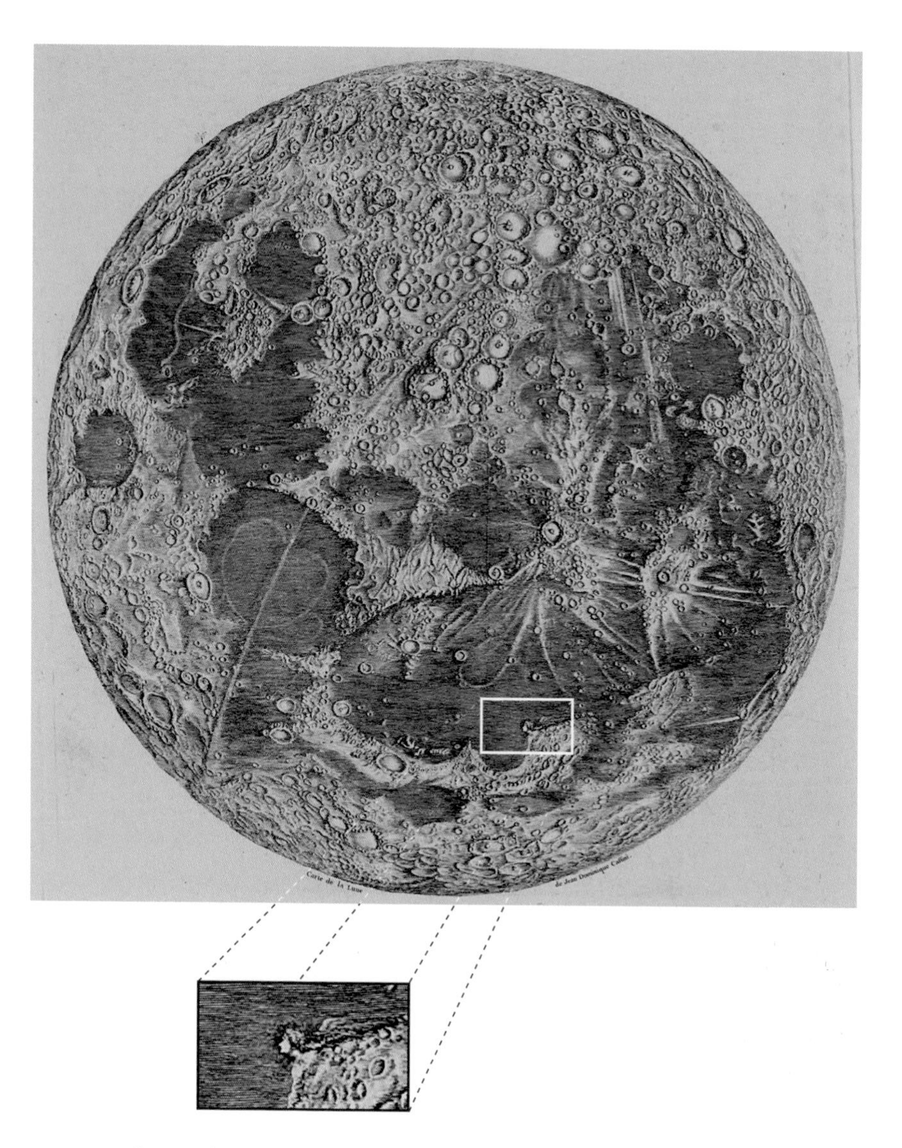

Mapa lunar de Giovanni Cassini (1679), donde el astrónomo italiano escondió un corazón y la representación de la cabeza de una mujer (Royal Astronomical Society).

El astrofotógrafo Andrew McCarthy combinó 150.000 imágenes de la Luna y las procesó para mostrar los colores originales de los materiales expuestos por los impactos. El resultado es esta espectacular imagen que nos muestra a nuestro satélite como nunca antes lo habíamos visto (IG: @cosmic_background).
© Andrew McCarthy.

6. Cráteres y vino

Otras veces oigo pasar el viento
y creo que solo para oír pasar el viento vale la pena haber nacido.

Fernando Pessoa, «Poema X».

Aquí abajo hay brisas, tormentas, tornados, tifones, trombas, huracanes. Tenemos viento para volar cometas, ventiscas que congelan hasta las lágrimas y brisas marinas que acarician. Están los vendavales que llegan en otoño cargados de hojas y levantan las faldas, y los que en primavera traen la lluvia. Pero también tenemos vientos con nombre propio, vientos que son experiencias del mundo en sí mismos, y que vienen para quedarse y para volver porque, aunque sean aire, siempre regresan.

Lo hacen siempre los alisios, que se llaman así debido al carácter delicado y amable con el que casi siempre llevan a los veleros al otro lado del océano. El siroco es tan prominente en el Mediterráneo que se le nombra de forma diferente allá por donde pasa: es la calima canaria, el *jugo* en Eslovenia o el *ghibli* en Libia. Hay vientos que traen frío, como el pampero, que nace en la Antártida, o el cierzo del valle del Ebro. Si sopla la galerna en el Cantábrico viene con lluvia, igual que el monzón cuando lo hace desde el mar. Están los que queman, como el simún, el viento rojo del Sáhara que es tan cálido y tan seco que se le conoce también como «viento venenoso», y los que son fuertes, como el *bora* en el Adriático y el mar Negro, capaces de pulverizar la espuma del mar.

Dicen, además, que en nuestro planeta hay lugares en los que el viento sopla con tanta insistencia que conduce a la locura. Los llamados vientos de las brujas de los Alpes pueden alterar tanto a algunas personas que incluso son considerados un atenuante para determinados delitos en la legislación penal suiza. Cuentan las leyendas que se inventan los humanos que el viento, además, puede atraer a los demonios y las enfermedades. Los males vuelan quizás desde mucho antes de que Pandora abriera su caja[22], y aunque según el mito le dio tiempo a cerrarla antes de que escapase la esperanza, que se quedó en el fondo, yo creo que no es así, que la esperanza también escapó pero se colocó en algunas miradas que andan libres contagiando al mundo.

---

[22] Pandora fue la primera mujer según el mito griego y, como Eva para los judeocristianos, la responsable de todas las desgracias humanas. Fue creada por los dioses y entregada como regalo a Epimeteo junto con el ánfora, o caja, que contenía todos los males del mundo. Zeus quiso castigar a la humanidad para vengarse de que Prometeo, hermano de Epimeteo, le había robado el fuego para dárselo a los hombres. Para ello creó a Pandora y la entregó como regalo, convencido como estaba de que no podría evitar abrir el ánfora. Vamos, que Pandora primero tuvo que aguantar ser reducida a la condición de regalo y después que le echaran la culpa de todo por investigar qué llevaba dentro un ánfora; así está la cosa. El caso es que, ya puestos a echar la culpa a alguien, el verdadero responsable de las desgracias de los humanos debería ser Epitemeo, quien al fin y al cabo aceptó regalos de los dioses, a pesar de tenerlo prohibido por su hermano. Prometeo los conocía bien y tenía todo el tiempo del mundo para pensar en ellos, mientras esperaba eternamente amarrado a una roca, donde un águila venía a comerle un hígado nuevo todos los días. Desde allí, había advertido a su hermano de que no aceptara regalos, pues de lo contrario sobrevendría una gran desgracia a los mortales. Sin embargo, Epimeteo no pudo resistirse y aceptó a Pandora con ánfora y todo. Pero ¿quién ha oído hablar de él? ¿Alguien le ha hecho responsable alguna vez de algo?

Las que sí que vuelan de verdad son las palabras empujadas por el viento, al igual que la música. Si no fuese por el aire, no tendríamos ni las unas ni la otra, ya que ambas son ondas longitudinales que necesitan un medio elástico, algo que se pueda comprimir, para propagarse. En esas ondas de compresión que llevan y traen el sonido a nuestros oídos se esconde la belleza de la física, la naturaleza de algunas de las cosas que mueven el mundo. Como las palabras.

En la Luna no se puede respirar, no hay aire ni vientos. Por tanto, las palabras no se pueden propagar, no hay música y tampoco pueden volar los pájaros. Y aun así, ¿cómo es posible que un lugar sin atmósfera pueda ser tan encantador?

La Luna es muy pequeña, solo mide 3.476 kilómetros de diámetro, lo que corresponde a un 27% del diámetro de la Tierra. Podríamos meterla entera entre Madrid y Moscú, o sumergirla en el océano Atlántico, entre Senegal y la República Dominicana. O, ya puestos, también cabría entera dentro de Brasil.

La Luna pesa $7{,}348 \times 10^{22}$ kilos, lo que es 0,0123 veces la masa de la Tierra. O sea, que necesitaríamos unas ochenta lunas para poder construir un planeta como el nuestro. Como tiene poca masa, nuestro satélite agarra las cosas con poca fuerza, lo que equivale a decir que su gravedad superficial es baja, una sexta parte de la nuestra. La velocidad de escape de la Luna es de tan solo 2,4 kilómetros por segundo, unos 8.600 kilómetros por hora. Cualquier cosa a mayor velocidad escapa de su superficie. Ese es el motivo por el que la Luna no tiene atmósfera, no puede retenerla. Allí no es posible abrir los brazos y dejarse despeinar, no se puede sentir el aire frío en la cara, y tampoco podríamos ver jugar al viento con las hojas de los árboles ni contemplar la sublime danza de una bolsa de plástico[23].

---

[23] «¿Quieres ver lo más bonito que he grabado en mi vida? Era uno de esos días en que está a punto de nevar y el aire está tan cargado de electricidad que casi puedes oírla, ¿verdad? Y esa bolsa estuvo bailando conmigo, como un chiquillo pidiéndome

Sin equipo de supervivencia, sin un traje espacial, no se puede salir de la Tierra. El traje, que pesa unos 160 kilos, proporciona una presión estable, oxígeno para respirar, regulación de la temperatura, un escudo frente a la radiación solar, protección contra micrometeoritos y sistemas de anclaje y telecomunicaciones, además de un pequeño minibar y unos tubos de evacuación (o sea, un retrete u orinal portátil). El traje espacial, también conocido como traje para EVA, traje para actividades extravehiculares por sus siglas en inglés, se encarga de funcionar como una pequeña atmósfera hecha a medida.

El primer intento de traje espacial se llamó escafandra estratonáutica. Ese fue el nombre que le dio el ingeniero militar Emilio Herrera Linares al prototipo de traje espacial que diseñó en 1935 para un vuelo estratosférico en globo de barquilla abierta que iba a producirse al año siguiente. El vuelo se canceló debido al golpe militar de Francisco Franco y el comienzo de la guerra civil española; el traje, hecho de seda vulcanizada, acabó convertido en chubasqueros para las tropas, y Herrera tuvo que huir a Francia en 1939, donde murió en el exilio en 1967 sin que se le hubiese reconocido la paternidad del invento.

Sin la protección que ofrece el traje espacial frente a la radiación, un astronauta en la superficie lunar tendría quemaduras solares en tan solo diez segundos. Lo que hace la atmósfera (palabra que viene del griego y que significa «esfera de vapor») a cada instante de nuestra existencia, lo tenemos que recrear y llevar con nosotros cuando salimos de su delicado manto protector. Sin ella,

---

jugar, durante quince minutos. Ese día descubrí que existe vida bajo las cosas, y una fuerza increíblemente benévola que me hacía comprender que no hay razón para tener miedo. Jamás. El vídeo es una triste excusa, lo sé, pero me ayuda a recordarlo, necesito recordarlo... A veces hay tantísima belleza en el mundo, que siento que no lo aguanto, y que mi corazón se está derrumbando». Fragmento de la película *American Beauty* (Sam Mendes, 1999).

cada ser vivo necesitaría un traje espacial. A veces pienso que, haciendo tanto por nosotros, la atmósfera debería tener un nombre más bonito.

La atmósfera terrestre está compuesta de gas. Imaginemos un diminuto joyero donde cada lado mide un centímetro; si colocáramos ese joyero al nivel del mar y dejáramos que se llenase, tendríamos dentro diez millones de billones de partículas. Ese mismo joyero, colocado en la superficie lunar, apenas contendría un millón. Para visualizarlo mejor, pongamos ceros. En la cajita de la Tierra, podríamos contar todas estas moléculas al nivel del mar: 10.000.000.000.000.000.000; en la de la Luna, solo 1.000.000. Por eso podemos respirar aquí y no allí.

La atmósfera terrestre es muy delgada, apenas un velo que cubre la superficie de nuestro planeta. Una fina manta que nos protege del frío del espacio exterior, de la radiación y que, además, nos proporciona un escudo contra micrometeoritos del tamaño de un grano de arena, que pueden llegar a viajar a 30.000 kilómetros por hora, pero que se desintegran en la atmósfera terrestre como si nada. A esos micrometeoritos los llamamos estrellas fugaces y les pedimos deseos que nos son concedidos absolutamente siempre que acaben destruidos.

Una tercera parte de la masa de la atmósfera terrestre se concentra en sus primeros diez kilómetros, apenas la distancia que podemos recorrer en un día en una gran ciudad. Si caminásemos esa distancia en línea recta hacia arriba, antes de llegar ya no podríamos respirar. Dentro de esos primeros diez kilómetros, nuestra atmósfera es lo suficientemente densa para permitir la vida de organismos aeróbicos grandes. *Nuestra* atmósfera. Y digo nuestra, porque es la misma en Dar es-Salam que en Estambul, en Moscú que en Bogotá. El aire que respiran en Yakarta ha pasado antes por algún pulmón en Washington; el dióxido de carbono que reciclan los árboles de la Amazonia ha sido producido en Lima, en Múnich o en Buenos Aires, y la misma molécula de oxígeno que en un momento de su vida recorría las venas de nuestros ancestros, los homínidos de Atapuerca, probablemente alimentó el cerebro de Cleopatra, la mano de Heródoto, la ira de Miguel de Unamuno o de Gengis Kan, el corazón de Juana de Arco o la sonrisa del frutero de mi barrio. Compartimos el aire que respiramos. Es global, le pertenece a todo el planeta. Lo usamos mientras estamos aquí; lo tomamos prestado en cada inhalación y lo devolvemos con cada exhalación. Lo compartimos hasta el último aliento[24].

El viento, con sus diferentes nombres, fuerzas, grados de humedad y recorrido, es solo una consecuencia de la fuerza de gravedad que sobre esa masa de partículas que es la atmósfera ejerce nuestro planeta. Para entender cómo se mueven esas masas de aire, tomemos de nuevo la analogía del joyero. Si lo llenamos de atmósfera, cuanto más frío está, más partículas caben dentro. Cuantas más partículas tiene dentro, más pesa y, por tanto, experimenta una fuerza mayor de gravedad hacia abajo que si el mismo joyero estuviese lleno de aire más caliente, porque cabrían menos partículas.

Es como si tuviésemos que elegir entre organizar un concierto de reguetón o de música clásica en un mismo auditorio. El de música clásica nos permitiría vender menos entradas, tendría menos aforo, porque tendríamos que sentar a las personas. Sin embargo, en el de reguetón los podemos poner a todos de pie y, por tanto, caben más personas en el mismo espacio, los podemos comprimir más, porque no hacen falta sillas. Aunque parezca contraintuitivo, el público del concierto de reguetón sería un gas frío y el de música clásica, uno caliente. La sala llena de seguidores de la música clásica ascendería porque pesa menos, tiene menos personas dentro. Otra cosa muy distinta sería si tuviésemos de pie a ambos tipos de público; entonces, ambos se comportarían como

[24] Véase Sam Kean, *El último aliento de César* (Ariel, 2017).

gases ideales densos, y entonces el público reguetonero, al moverse más, sería el más caliente, y acabaría necesitando más espacio y empujaría las paredes del auditorio para poder bailar. En el mismo volumen cabrían menos personas, y así ascendería en la atmósfera hasta enfriarse y descender de nuevo.

Las corrientes de aire se generan así, por desplazamiento. En realidad, es su movimiento hacia abajo, en el que el aire frío, que pesa más, desplaza al aire caliente hacia arriba. Como no se calienta igual toda la superficie del planeta, porque hay grandes masas de agua y grandes masas continentales, siempre hay corrientes de circulación de viento. Ese simple fenómeno, unido a los movimientos de rotación y traslación de la Tierra, explica desde los alisios a los huracanes y es responsable, además, de los desiertos. El viento es movimiento de aire.

La exosfera de la Luna

A la parte externa de la atmósfera terrestre, que está a unos quinientos kilómetros de altura, la llamamos exosfera (por la palabra griega que significa «fuera», «externo», «más allá»). Ese es, precisamente, el nombre que reservamos para la *atmósfera* lunar. Una exosfera se caracteriza por ser muy tenue y apenas contener moléculas. Es una estructura de baja densidad, que se asemeja a las condiciones de vacío en la Tierra y al lugar del espacio donde orbita la Estación Espacial Internacional.

La *atmósfera* lunar es similar a la de Mercurio, los asteroides grandes y la de un gran número de satélites de otros planetas de nuestro sistema solar. Sabemos muy poco de las exosferas, y aunque están formadas por moléculas que están ligadas por gravedad al planeta, estas son tan pocas que apenas chocan entre sí. Se mueven de manera muy diferente a las partículas de gas que forman nuestra atmósfera. En la superficie lunar, las partículas de la exosfera describen trayectorias parabólicas, parecen estar dando saltitos y rebotando continuamente, como los astronautas. En la noche lunar, cuando baja la temperatura, todas esas partículas caen a la superficie. Cuando llega el día, que dura catorce días terrestres, son golpeadas por el viento solar[25], que además las calienta con su radiación y las hace moverse como pelotas microscópicas que rebotan en la superficie, describiendo arcos.

Todavía estamos aprendiendo de qué está hecha la exosfera lunar. El *Apolo 17* colocó en la Luna un experimento llamado LACE (Lunar Atmospheric Composition Experiment), que ha detectado argón, helio, oxígeno, nitrógeno, metano y monóxido y dióxido de carbono. Desde la Tierra, hemos podido detectar en nuestro satélite sodio y potasio en forma de gas, que son elementos químicos que no aparecen en nuestra atmósfera, ni en la de Venus o Marte. El *Lunar Reconnaissance Orbiter*[26] *(LRO)* detectó helio, y el *Lunar Prospector Orbiter*[27] encontró isótopos radiactivos de radón y polonio.

---

[25] Todas las estrellas tienen viento, y la nuestra no es una excepción. El viento solar es un flujo de partículas cargadas a alta velocidad que salen del Sol y viajan por todo el sistema solar. Como están cargadas eléctricamente, siguen las trayectorias marcadas por el campo magnético terrestre y al impactar con la atmósfera, en la región de los polos, dan lugar a las famosas auroras boreales. Planetas o satélites naturales sin campo magnético, como Venus o la Luna, sufren el efecto de la erosión directa de estas partículas generadas en el Sol.

[26] Sonda lanzada el 18 de junio del 2009 por la NASA. Los instrumentos de la *LRO* toman datos globales, como mapas de temperatura diurna-nocturna, imágenes en color de alta resolución y la cantidad de luz reflejada por la Luna. Su misión principal descansa en el estudio de las regiones polares (https://lunar.gsfc.nasa.gov/mission.html).

[27] La misión *Lunar Prospector Orbiter* fue lanzada en enero de 1998 por la NASA. Tomó datos durante diecinueve meses para elaborar un mapa detallado de la composición de la superficie lunar, utilizando una órbita baja alrededor de los polos. La misión finalizó el 31 de julio de 1999, cuando la nave fue enviada a estrellarse contra un cráter cerca del polo sur, como parte de un experimento para confirmar la existencia de hielo en la Luna. No se detectó agua en el material expelido como resultado del impacto.

La masa total de gases contenidos en esa tenue «atmósfera» lunar es de unos 25.000 kilos. Sirva como referencia que un autobús normal tiene una masa de 15.000 kilos, que la cantidad de materiales que ya hemos dejado los humanos en la Luna es de 181.000 kilos y que la masa de la atmósfera terrestre es de $5,1x10^{18}$ kilos. Es fácil ver que, con los gases liberados por el primer impacto de un objeto humano en la superficie lunar, ya hemos modificado esta tenue estructura para siempre.

No sabemos muy bien cuál es el origen de las partículas de gas que forman la exosfera de la Luna, aunque hay varias posibilidades. Podrían ser gases expulsados desde el interior a causa de procesos radiactivos o lunamotos. O quizás partículas del viento solar que, al chocar contra la superficie, provocan que salga disparado el material. Que sean liberadas por reacciones químicas entre la luz del Sol y el material lunar. O bien, que sean gases liberados por los impactos de cometas y meteoritos. O puede que todos esos mecanismos a la vez contribuyan a formarla.

Lo que sí sabemos es que los gases más ligeros, una vez liberados, escapan inmediatamente al espacio, porque tienen velocidades más altas que la velocidad de escape de la superficie lunar y, por tanto, hace falta reponerlos continuamente. Para determinar su origen, hay que tomar más medidas de su composición química. Una frase que se repite continuamente en los congresos de astrofísica, independientemente del área de estudio, es «necesitamos más datos». Y es verdad, siempre necesitamos más datos, bien para corroborar una teoría, bien para tirarla por la borda, pero siempre para aprender algo más, o algo nuevo.

Mares, ríos, nubes

Podríamos recorrer la Luna entera a pie, porque no tiene ni mares ni ninguna forma de agua líquida que la cubra. En la superficie de nuestro satélite, el agua puede permanecer sólida en forma de hielo o en forma de vapor, pero no como líquido. Esto es así por el mismo efecto que hace que, en la Tierra, el agua hierva a menor temperatura en lo alto de una montaña que a nivel del mar. En lo alto de una montaña, para convertir el agua en vapor (paso de líquido a gas), hay que darle menos energía porque hay menos masa de aire por encima de la cazuela (*menos* presión). Ya sabemos que la presión lunar es básicamente cero, porque no hay atmósfera, así que la temperatura a la que hierve el agua (a la que se transforma en gas) es más baja que la de la superficie lunar. Allí, el agua estaría en forma de hielo o en forma de gas. Como hemos visto, la Luna no puede retener una atmósfera, así que tampoco puede mantener mucha agua en forma de vapor y, por tanto, no tiene nubes.

Ahora pasemos al vino, cuyo origen mitológico tiene que ver con la diosa griega de la Luna, Selene, hija de los titanes Tea e Hiperión, y su faceta más vengativa. El mito cuenta que Dionisio, que ha pasado a la historia como el dios de la fertilidad y el vino (o en su versión moderna, la fiesta salvaje), estaba tan locamente enamorado del joven Ampelos, que dejaba que este le ganase en todas las competiciones deportivas que hacían entre ellos. El chaval se lo creyó tanto que un día, mientras montaba un toro salvaje, cometió el error de fardar de que montaba mejor sus cuernos que Selene los cuernos de la Luna. Y Selene, cabreada, mandó un tábano para que picase al toro. Añado yo que debió mandarlo cuando la Luna estaba en alguno de los cuartos, porque los tábanos solo pican de día y solo en las fases de cuartos Selene es visible de día; además, debió tratarse de un tábano hembra, porque los machos no pican. Sea como fuere, el toro se volvió loco por la picadura (debió mandar un espécimen bien grande) y tiró a Ampelos al suelo donde, lógicamente, lo embistió. Dionisio corrió a su lado para intentar salvarlo, pero no pudo hacer nada por su vida y, entonces, provocó que el cuerpo de su ensangrentado amado se transformase en una vid (que en Grecia aún siguen llamando *ampelos*). La primera vendimia de Dionisio fue la sangre de su amante transformada en vino. Ampelos murió embestido por un toro loco al ser picado por un tábano enviado por la Luna cabreada.

La diosa egipcia Hathor, representada como una vaca con la esfera lunar entre sus cuernos, amamanta al faraón (dominio público).

En la Antigüedad, antes de los griegos, los cuernos de los toros, de las vacas y de los bueyes se equiparaban a la Luna, por su gran parecido con el cuarto creciente o el menguante. Eso llevó a que, desde hace más de veinte mil años, todos los animales con cuernos acabaran poseyendo características lunares, y al revés. El toro es la Luna en la tierra, y la Luna es el toro en el cielo. Las diosas que encarnan a la Luna tienen ojos de vaca.

Según Plutarco, el historiador y filósofo que vivió en Grecia hace unos dos mil años, Apis, el toro sagrado de Menfis, en Egipto, nació cuando un rayo lunar impactó a la vaca que fue su madre. Apis portaba el disco lunar entre sus cuernos y, en el ritual más importante de la ceremonia de los muertos, en el antiguo Egipto, el espíritu del difunto era conducido ante el tribunal de Osiris donde el corazón, que representaba la conciencia y la moralidad, se contrapesaba en una balanza frente a la verdad y la justicia. Si el resultado de la conducta pasada era positivo, Osiris mismo, convertido en el toro lunar, transportaba a los muertos a sus espaldas hasta el inframundo, donde renacían con él, de la misma forma en que nuestro satélite lo hace cada mes.

Ya con los romanos, la diosa Cibeles aparece a menudo con la luna creciente sobre su cabeza, sentada en un carro que arrastran dos toros que llevan los mismos cuartos en sus cuernos. En la India, a la Luna se la representaba como una vaca o un toro, era amiga del Sol, y ambos acudían como toros para destruir el fuego de los monstruos de las tinieblas. Los mitos sobre toros, vacas y lunas aparecen en prácticamente todas las culturas humanas, así que no es de extrañar que hasta los Gipsy Kings le cantaran una canción al toro enamorado de la Luna.

Pero volvamos al vino. *Buzz* Aldrin es el único ser humano del que se sabe que ha consumido vino en la Luna. También, el único que ha celebrado allí algún ritual religioso. Cuando él y Armstrong ya habían aterrizado en el mar de la Tranquilidad, y durante el tiempo que tuvieron que esperar antes de salir del módulo lunar, Aldrin pidió un momento de silencio por el sistema de comunicaciones, sacó la bolsa de comunión que se había llevado de su iglesia presbiteriana, sirvió el vino consagrado que ascendió por el cáliz como resultado de la baja gravedad lunar, mojó la hostia y comulgó. Armstrong le miró, pero no participó.

La NASA mantuvo toda la ceremonia con un perfil bajo, porque no querían que se volviese a repetir la denuncia interpuesta por la activista atea Madalyn Murray O'Hair, en nombre de la separación de la Iglesia y el Estado, tras la lectura del libro del Génesis durante la transmisión realizada el día de Navidad de 1968, mientras el *Apolo 8* orbitaba la Luna. Por denuncias como esta,

O'Hair llegó a ser bautizada como «la mujer más odiada de Estados Unidos», lo que dice mucho acerca de la visión que tenía la sociedad americana de la época acerca de la separación real entre la religión y el resto de las actividades de la sociedad. En las memorias que publicó Aldrin en 2010, él mismo se cuestionaba si había hecho lo correcto al celebrar un ritual cristiano en la Luna: «Habíamos venido al espacio en nombre de toda la humanidad, ya fueran cristianos, judíos, musulmanes, animistas, agnósticos o ateos» pero, en ese momento, «no podía pensar en una mejor manera de reconocer la experiencia del *Apolo 11* que dando gracias a Dios».

La falta de atmósfera lunar permite tener una vista nítida de los detalles de su superficie, incluso con un telescopio pequeño o unos prismáticos. Los cráteres son los accidentes geológicos más obvios sobre su superficie, y también se distinguen claramente las zonas claras, o tierras altas *(terrae),* y las más oscuras *(maria).* Cuando Armstrong miró de cerca ese paisaje de cráteres, rocas y polvo, afirmó tener la sensación de estar viendo la instantánea de un mundo eterno, y que si hubiese estado allí hace cien mil años o regresase dentro de un millón de años, vería básicamente la misma escena. Con ello estaba dando la clave de la importancia de las estructuras geológicas de nuestro satélite para descifrar los entresijos de nuestro pasado. El pasado de verdad, el que empieza cuando se formó nuestro planeta. Volvamos, pues, a las rocas para hablar de la historia geológica de la Luna.

Las montañas de la Luna

A la Luna han viajado desde la Tierra muchas palabras que usamos para nombrar lugares, como se fueron del viejo al nuevo mundo después de que Colón, llevado por los alisios, llegase, junto con la viruela, a territorio taíno. El viaje, como es habitual, también ha sido de vuelta, y en nuestro planeta se han nombrado accidentes geográficos por su reminiscencia lunar. Quizás uno de los más legendarios sean los montes de la Luna, lugar que tuvo nombre y atributo durante siglos, que designaba el nacimiento del río Nilo y cuya identificación en el siglo pasado en las montañas Rwenzori, en Uganda, algunos geógrafos todavía cuestionan. Lo que sí está claro es que la posible localización de las fuentes del Nilo en el lugar que un comerciante llamado Diógenes (no confundir con el Diógenes cínico) relató a Claudio Ptolomeo, el famoso astrónomo griego que vivía en Egipto, fue un incentivo en la exploración de África que involucró, entre otros, a famosos exploradores como Henry Morton Stanley[28].

En la Luna, más que montañas, hay cráteres. Su superficie está plagada de ellos; con un telescopio mediano, podemos identificar unos treinta mil, con tamaños que van desde un kilómetro a varios cientos. Obviamente, con telescopios nosotros no podemos ver los más pequeños, pero se han identificado millones de ellos utilizando las fotografías que se vienen tomando desde los años sesenta desde la superficie, o mediante sondas en órbitas bajas.

Existen dos mecanismos de formación de cráteres, mediante impactos o por actividad volcánica. Siempre que vemos una estructura

---

[28] Henry Morton Stanley es más conocido, supongo, por encontrar al famoso doctor Livingstone que las fuentes del Nilo. Stanley, además, siguió el río Congo hasta su desembocadura, y su amistad con el rey Leopoldo II de Bélgica contribuyó a que este reclamase la propiedad del Estado Libre del Congo. La invención por John Dunlop de los neumáticos de caucho en la misma época, y la consiguiente alta demanda mundial que se produjo, tuvo consecuencias nefastas para la población congoleña, a la que el soberano belga impuso cuotas de producción altísimas, cuyo cumplimiento aseguraba con métodos violentos. La amputación de una mano era el menor de los castigos. Bajo el reinado de Leopoldo II, a quién debería conocerse como el Genocida del Congo, murieron, en apenas veinticinco años, no cien ni mil, sino entre dos y quince millones de personas. Con la fortuna que amasó Leopoldo II se construyó, entre otras cosas, el Palacio de Justicia de Bruselas (no es una ironía), uno de los edificios más grandes e impresionantes de Europa, erigido sobre los brazos amputados y el sudor de millones de africanos asesinados.

con forma de cráter sabemos que o bien está encima de un volcán o bien ha recibido una buena pedrada, que es la forma menos elegante de decir que ha sufrido el impacto de un meteoro. Y es aquí donde la Tierra y la Luna son muy distintas desde el punto de vista geológico. Mientras que la superficie lunar está cubierta fundamentalmente por cráteres de impacto, no es así en la Tierra, donde la mayor parte de los cráteres tienen origen volcánico.

Las montañas más altas en nuestro planeta son el resultado de la actividad volcánica. Mauna Kea (con 10,2 kilómetros) y Mauna Loa (9,1), en Hawái, y la montaña del Teide (7,5), en Tenerife, ocupan el pódium de altura de volcanes terrestres medidos desde sus bases sumergidas. Tenemos que hacerlo así si queremos compararlas con estructuras similares en el sistema solar, ya que no hay equivalentes al mar en otros planetas. El monte Olimpo en Marte, con 21,9 kilómetros, es la más alta de todas las montañas del sistema solar, y también es de origen volcánico. La famosa entrada al inframundo, el Averno de griegos y romanos, no era otra cosa que el cráter de un volcán situado al sur de Italia. Averno significa «sin pájaros» y parece ser que esto se debía a los gases tóxicos que emanaban del volcán ya apagado.

En nuestro satélite, que guarda mucha relación en la mitología antigua con las entradas y salidas al reino de los muertos, la montaña más alta es el monte Huygens, con 5,5 kilómetros, situado en el mar de la Lluvia (el ojo izquierdo), uno de los cráteres más grandes del sistema solar, y que en este caso se formó por un impacto. Fue el astrónomo alemán Johann Shröter (sí, el mismo que decía ver campiñas en la Luna: los genios también pueden equivocarse) quien dio el nombre de cráteres a las configuraciones formadas por impacto, extendiendo el uso anterior que se le daba a la palabra en los volcanes. Pero hasta los fabulosos años sesenta del siglo pasado no se aceptó que los lugares de impacto no se forman gradualmente como los conos volcánicos, sino de manera explosiva, en segundos. Mientras, aquí abajo, el mundo se mordía las uñas por la crisis de los misiles, bailaba con The Beatles, la Revolución Cultural sacudía China o se libraba la guerra de Vietnam, los astrónomos determinaban que la Luna había sido sistemáticamente apedreada.

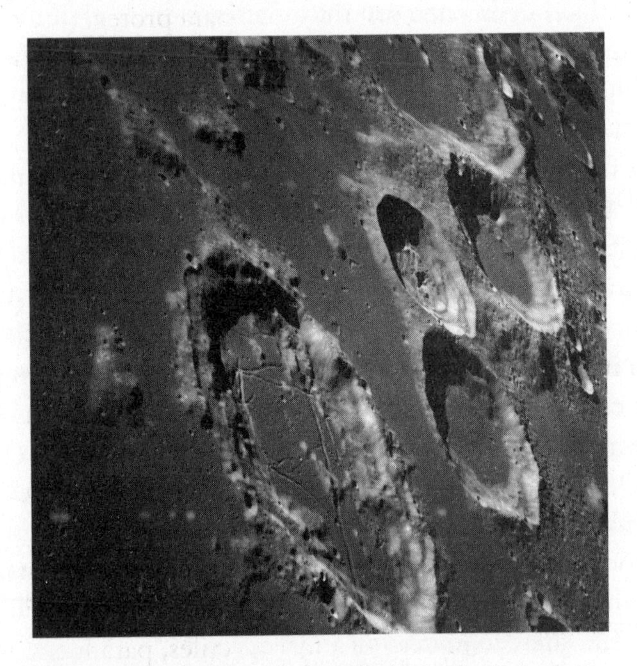

El cráter Goclenius, fotografiado desde el *Apolo 8* en diciembre de 1968 (NASA).

Y a la vez que se establecía el origen de los cráteres lunares, también lograba entenderse por qué el proceso de bombardeo por meteoritos siempre da lugar a cráteres esféricos, vengan de donde vengan los impactos. Rocas que golpean a muy alta velocidad, aunque no caigan directamente en perpendicular sobre la superficie de un cuerpo, dan lugar a cráteres circulares porque, independientemente de la dirección de impacto, se genera una onda de choque. Vemos muchas ondas de choque simuladas en las películas, son esa especie de burbujas que, tras una explosión, provocan que salgan todos volando, buenos y malos. Los malos, claro, suelen estar más cerca de la zona de la maldad y se mueren, pero los buenos, tras salir disparados, se levantan aturdidos, se sacuden un poco y a seguir. Una de las mejores, y menos realistas, es cuando Indiana Jones se mete en un frigorífico para protegerse de una explosión nuclear (en fin...). Aunque, ya puestos, es peor una de Batman en la que sobrevive a otra explosión nuclear escondiéndose tras una roca.

En física, las ondas de choque son perturbaciones que se propagan en el medio más rápido que la velocidad del sonido; o sea, una onda que se mueve más rápido que el tiempo de que dispone el medio sobre el que se propaga para adaptarse a lo que está ocurriendo. La onda de choque de un impacto se extiende a un área mucho más grande que el tamaño del meteoro que la genera, por eso los cráteres son en general más grandes que las rocas que los han formado.

Las estructuras lunares que vemos son el resultado del impacto de violentos visitantes en forma de roca. En poco más de siglo y medio fuimos transformando el conocimiento de nuestro entorno. Pasamos de pensar que no podían caer rocas del cielo a creer que nuestro satélite nos mandaba proyectiles, para luego intentar entender por qué está tan lleno de cráteres, mientras que nosotros no. Es de suponer que si la Luna ha sido apedreada con esa intensidad, también lo habrá sido la Tierra, pues están muy cerca en términos astrofísicos. Pero entonces ¿por qué son tan diferentes?

Cicatrices

La historia que podemos reconstruir con las leyes de la física nos cuenta que, para tener planetas, hay que empezar con pequeños pedazos de material sólido que se agregan para tomar la forma de pequeñas rocas, con tamaños que están entre mil veces más pequeños que un milímetro y diez metros. Al principio, estos fragmentos de material sólido solo son visibles con microscopios, y al final se convierten en los gigantescos planetas que vemos a través de los telescopios. Las rocas más grandes se van juntando mediante colisiones hasta formar a sus parientes mayores, los asteroides, que a su vez dan lugar a la formación de planetoides como Plutón o Ceres y que, por agregación y fusión, acaban como los planetas rocosos (Mercurio, la Tierra, Venus y Marte son los ejemplos que tenemos en nuestro sistema solar).

Los planetas se van haciendo más grandes porque son bombardeados por cuerpos más pequeños, y si somos capaces de reconstruir la historia de cómo la Tierra fue golpeada en el pasado, entenderemos su entorno y cómo creció. Para conocer su infancia estudiamos sus heridas. El problema es que planetas como el nuestro borran sus cicatrices a través de la actividad geológica. Los planetas que alcanzan un cierto tamaño encienden una maquinaria interna responsable de fenómenos tan fascinantes como el vulcanismo o la tectónica de placas. Esa maquinaria interna crea islas, mueve continentes y genera una atmósfera que el planeta, con masa suficiente, es capaz de retener. La contrapartida es que, como resultado de la actividad geológica, no quedan apenas huellas de nuestro pasado, y el mismo problema tienen nuestros vecinos, Venus y Marte. Pero no la Luna.

A esta no se le ha olvidado de dónde venimos. Las cicatrices de su superficie nos dicen qué pasó. Miles de millones de años de actividad geológica han borrado todas las huellas que los mecanismos de formación planetaria hayan podido dejar en los planetas interiores del sistema solar. Sin embargo, la corteza de la Luna es lo suficientemente antigua como para conservar evidencia directa de eventos a escala planetaria que ocurrieron antes de que la superficie de la Tierra se estabilizara. La Luna, pues, es la piedra angular que vincula el registro de los primeros eventos de la nebulosa donde nacimos, y que están preservados en los meteoritos, con la posterior evolución geológica de los planetas terrestres. La superficie lunar, al no estar sujeta ni a la actividad geológica ni a la erosión, es una cápsula del tiempo que lleva un registro de los procesos físicos que crearon y modificaron los planetas internos del sistema solar.

Un paso esencial para desentrañar parte de la historia planetaria temprana fue la obtención de muestras de la Luna por parte de las misiones de exploración *Apolo* y *Luna.* Con los kilogramos de materiales traídos de nuestro satélite hemos descifrado gran parte del origen de la Luna y de los planetas rocosos. Sabemos que el vulcanismo en la Tierra y en la Luna se ha superpuesto en el tiempo durante unos mil millones de años, o que los planetas terrestres deben haber estado totalmente fundidos poco después de formarse. También la Luna fue al principio un océano de magna, tal y como se pudo descifrar a partir del análisis de las primeras muestras de roca lunar.

Muchos de los impactos de meteoritos antiguos caídos en la Tierra fueron a parar al océano, o bien han sido borrados por la erosión o la tectónica de placas, y las muestras de terreno lunar traídas a la Tierra fueron recogidas en una región relativamente pequeña de la cara más cercana a nosotros. En total, nos proporcionan información de aproximadamente un 5% del total de la superficie lunar. En la Tierra han sido encontrados unos cincuenta mil meteoritos, de los cuales unos cuarenta, aproximadamente, sabemos que vienen de la Luna. Sí, al final, Biot y Poisson no estaban descaminados, solo que no tenían los medios para saberlo. Solo por comparación con las muestras lunares se ha podido identificar con certeza que han caído rocas lunares en nuestro planeta, son pocas, pero existen. No vienen de sus volcanes, sino de impactos de asteroides o cometas. Si la Luna sufre un gran impacto, parte del material de su superficie puede alcanzar la velocidad de escape (2,4 kilómetros por segundo) y ser expulsado. Unas pocas de esas rocas son capturadas luego por la gravedad terrestre. Las primeras identificadas como rocas lunares fueron recogidas en la Antártida.

Si los meteoritos son fascinantes en sí, las pocas decenas que proceden de la Luna lo son todavía más. A partir de su composición química, se puede identificar la historia de formación de la roca, la fecha en la que fueron eyectadas, si provienen o no de la misma región lunar, la duración de su viaje y el momento del impacto. Se han encontrado rocas lunares que han tardado entre cinco y once millones de años en recorrer los 384.440 kilómetros que nos separan de promedio de nuestro satélite natural. Un largo viaje que termina, por lo general, en algun área remota donde son más fáciles de identificar, Alaska, Siberia o la Antártida. Los desiertos son particularmente buenos para localizar rocas extraterrestres, porque son secos y planos, y no ofrecen grandes cambios. Es precisamente en una zona desértica al sur de Omán, la región de Dohfar, fronteriza con Yemen y desde donde provino durante más de seis mil años la mayor parte del incienso que se consumía en el mundo, donde se ha encontrado uno de los meteoritos lunares más codiciados.

En la superficie lunar nos miramos el ombligo. Es curioso que el origen etimológico de la palabra «cráter» venga del latín *crater*, que significa «copa», y esta del griego *krater* o *kratera*, que era una vasija en la que se mezclaba el vino con el agua para servírselo a los huéspedes. Volvemos al vino… y a la Luna. Uno de los posibles orígenes etimológicos de la palabra «grial», el cáliz con el que Jesucristo habría celebrado la última cena y tradicionalmente considerado con poderes especiales, lo vincula también con la palabra «cráter», y lo cierto es que cada pedazo de roca proveniente del espacio es la pieza de un puzle que nos permite reconstruir nuestro pasado, la clave para comprender la formación de todos y cada uno de los planetas y lunas de nuestro sistema solar. Podemos imaginarnos a los asteroides que flotan ahí fuera, en el espacio, como gigantescos mensajes en una botella. El mensaje viene del pasado y está escrito en la química y la radiactividad del material que los compone. La clave para descifrarlos está en las cicatrices de la Luna, en sus cráteres.

7. Orígenes

He observado también la luna llena y pude averiguar el número de sus ojos de luz. Pero si no hubiese seguido sus revoluciones en el espacio no habría podido conocer los ojos de cada cuarto de luna, los ojos que me miraban [...]. *Me dijeron: «Por tu ciencia, ¡oh, sabio!, eres entre los humanos como la luna en la noche».*

Las mil y una noches.

Dicen quienes han estado allí que el polvo lunar huele a pólvora. O sea, a lo mismo que aquí cuando empiezan las fiestas, a fuegos artificiales. Ese polvo que cubre nuestro satélite se llama regolito, y a mí se me parece bastante a lo que se acumula en los filtros de las aspiradoras. El regolito lunar es como una tierra suelta con pequeñas rocas, pero es inorgánico, por lo que no nos serviría para plantar lechugas en él. Aquí se forma por erosión, allí por el impacto continuado de meteoritos. El nombre viene del griego y es bastante descriptivo, quiere decir «manta de rocas». Y es que precisamente eso es el *suelo* lunar, una manta de rocas desgajadas y polvo que cubre una superficie sólida. A Harrison Schmitt, el astronauta del *Apolo 17*, le produjo alergia, y todos los astronautas afirman haber mostrado síntomas parecidos a la rinitis alérgica o el resfriado cuando, al quitarse los trajes dentro del módulo lunar, el polvo depositado sobre ellos quedaba en suspensión. Las autoridades sanitarias deberían advertirlo: la Luna puede provocar alergia.

En la Tierra hay un total de 382,3 kilos de material lunar recogido en nueve lugares de la superficie. 301 gramos fueron obtenidos, como parte de los objetivos de las misiones robóticas soviéticas *Luna 16*, *20* y *24*, con pequeñas palas que ejecutaban comandos desde la Tierra. Los 382 kilogramos restantes fueron cuidadosamente seleccionados por veinticuatro manos que, agrupadas de dos en dos, pertenecen a los doce individuos que dieron forma a 2.200 muestras individuales que, tras introducirlas en compartimentos sellados, las trajeron con ellos de vuelta a casa en las seis misiones Apolo que alunizaron. Esos fantásticos señores que se sentaron encima de un montón de toneladas de potencia equivalente al TNT se entretuvieron en traernos pedazos de Luna que nos sirvan para entender cómo se creó el suelo que pisamos.

Es curioso que, entre los casi cuatrocientos kilos de material lunar recogidos para su estudio, se encuentre precisamente una de las rocas más antiguas de nuestro planeta. Se cree que esta roca terrestre hizo el viaje de ida hace unos cuatro mil millones de años, precisamente la época en la que se considera que estaban apareciendo las primeras formas de vida en la Tierra. Salió despedida como resultado de un gran impacto y aterrizó en los alrededores de la formación Fra Mauro[29], igual que el *Apolo 14*. El viaje de

---

[29] Fra Mauro, que da nombre a este accidente geográfico lunar, fue un cartógrafo y monje veneciano del siglo XV. Dibujó uno de los mejores mapas de la época por encargo del rey Alfonso de Portugal, y lo hizo a partir de la información disponible en la librería de su monasterio y de las historias de viajeros a los que interrogaba a su llegada a Venecia. A pesar de que la carta está repleta de anotaciones que hablan de monstruos, diamantes o lagos de oro y vino, en general era preciso, pues se basaba en la observación empírica y llegaba a desafiar, en muchos aspectos, a la autoridad eclesiástica.

vuelta, mucho más cómodo y rápido, lo hizo dentro una bolsa de plástico hermética y en compañía de la tripulación. Quizás Alan Shepard y Edgar Mitchell (cuyo objetivo, contra lo que pudiera parecer, no era demostrar que se podía jugar al golf en la Luna aunque se hicieran fotos haciéndolo, sino seleccionar material que diese información acerca del impacto que dio lugar a la formación del *Mare Imbrium*) la recogieron porque allí, en el suelo lunar, parecía diferente, y eso siempre es indicio de que puede contener información valiosa.

Todavía existen muestras de material lunar tomadas por las misiones *Apolo 15*, *16* y *17* que permanecen selladas. Son aproximadamente 1,7 kilos, el peso de un pollo adulto. En su momento, decidieron conservarlas para poder estudiarlas en el futuro con técnicas que todavía no se conocían hace cincuenta años. Y cincuenta años no es nada (pregúntenle, si no, a Carlos Gardel) si tenemos en cuenta que esas rocas han atesorado información a lo largo de miles de millones de años. Ya se han seleccionado los equipos que harán los estudios; el mayor problema al que se enfrentan ahora es cómo abrir las muestras sin contaminarlas.

A partir de los análisis de ese valioso material lunar, hemos aprendido mucho acerca de la formación no solo de nuestro satélite, sino también de nuestro planeta y de los objetos de nuestro entorno más inmediato en el universo, el sistema solar. A rasgos generales, ahora sabemos que la superficie lunar estuvo fundida completamente y que las zonas llamadas *maria* (en singular *mare,* de mar), nombradas así hace casi tres siglos porque entonces, y desde aquí, lo parecían, son en realidad cuencas formadas por impactos tan grandes que rajaron la corteza lunar, provocando que el material fundido del interior emergiese a la superficie y las inundara de lava. Son zonas más oscuras, de un color gris apagado, porque ese es el color de la lava solidificada, lo que conocemos como basaltos (ejemplos en la Tierra del mismo material y con color semejante se pueden ver en las islas de Tenerife, La Palma, Islandia o Hawái).

Los *maria* están entre dos y cinco kilómetros por debajo de la elevación media de la Luna y, como tienen menos cráteres que el resto de la superficie, se sabe que son más jóvenes, porque han tenido menos tiempo de sufrir impactos de meteoritos.

Ese aspecto menos accidentado es el que hizo de los *maria* los lugares elegidos para el alunizaje de muchas de las misiones (las primeras dos Apolo, todas las soviéticas y las dos chinas). El más grande de los *maria* es el *Mare Imbrium*, con un diámetro similar a la longitud de Italia (1.100 kilómetros), y en él, como en los otros, se pueden apreciar estructuras solidificadas de lo que fueron ríos de lava. La cara oculta de la Luna tiene menos *maria* que la visible, aún no sabemos por qué (algunas teorías apuntan que se debería a que la corteza es más gruesa en esa cara que en la visible). Quizás la sonda *Chang'e 4*, la única que ha conseguido un alunizado suave en la cara oculta, nos proporcione algunas claves.

Harrison Schmitt, del *Apolo 17*, fotografiado tomando muestras de roca en la superficie de la luna (NASA).

Las zonas de un gris más claro fueron llamadas *terrae* (en latín, «tierra»), porque se creía que eran zonas secas que rodeaban los *maria*, los presuntos océanos. Las *terrae* son más viejas y están más elevadas, por eso se las conoce también como «tierras altas». Cubren el 85% de la superficie de la Luna y prácticamente la totalidad de la cara oculta. La anortosita es la roca característica de estas regiones; es más bien blanca o de un gris claro, y se forma cuando el magma se enfría, se solidifica por cristalización ígnea y el material más ligero sube hacia la superficie. En general es una roca muy antigua, aunque también se puede formar por impacto, y en esos casos es más joven que la media de la corteza. La que se conoce como «roca del Génesis», una anortosita recogida por los astronautas del *Apolo 15*, tiene una antigüedad aproximada de 4.100 millones de años, la edad a la que se estima que esas rocas cristalizaron y subieron a la superficie del océano de magma global que cubría la Luna poco después de su formación.

La corteza lunar está formada por una sola placa sólida que carece de la riqueza geológica que provoca en la Tierra el hundimiento y la elevación de las montañas, las dorsales oceánicas y los volcanes. A cambio, tiene la ventaja de haber permanecido congelada en el tiempo. Es como si se nos ofreciese la posibilidad de meternos en una de esas fotografías antiguas de nuestros bisabuelos para descifrar cómo era el tiempo en el que vivían. La Luna, pues, sería como un mundo casi en blanco y negro, geológicamente muerto, que nos permitiría ir hacia atrás miles de millones de años en apenas tres días de viaje.

Antes de la carrera espacial y de que la Luna entrase en la agenda política de las grandes potencias militares tras la Segunda Guerra Mundial, los científicos manejábamos, básicamente, dos parámetros que cualquier modelo de formación del sistema Tierra-Luna tenía que explicar: el momento angular y la baja densidad lunar comparada con la terrestre. El momento angular nos da información sobre cómo gira el sistema, y sabemos que cualquier mecanismo que involucremos para explicar la formación de la Luna tiene que ser capaz de conservarlo (la conservación del momento angular es la física que explica, por ejemplo, por qué un patinador gira más rápido cuando cierra los brazos o las piernas). Las rocas traídas por las misiones estadounidenses y soviéticas añadieron más piezas al rompecabezas. Ahora, además, había que entender los detalles del cuándo (el tiempo), el qué (la química) y el cómo (los mecanismos) de la formación de nuestro satélite.

Antes del gran salto para la humanidad, existían tres modelos para reproducir la simplicidad de la información básica que teníamos: que la Luna se había desgajado de nuestro planeta (modelo de fisión), que fue capturada (modelo de captura) o que se formó a la vez que nuestro planeta (modelo de formación simultánea). En el escenario de fisión, se habría formado a partir del material que salió disparado de una Tierra temprana fundida y aplanada que rotaba muy deprisa (algo así como si tuviéramos una masa de *pizza* gigante que, al girar muy rápido, perdiera un trozo que luego se quedara orbitando a su alrededor) y que, a medida que fue frenando su rotación, fue haciéndose cada vez más redonda. En el modelo de captura, la Luna pasaba por aquí y quedó atrapada por nuestro campo gravitatorio. El de formación simultánea no requiere mayor explicación.

Los tres modelos tenían sus más y sus menos, porque algunas piezas encajaban, pero otras no. Todos se encontraban con problemas para explicar sin fisuras la formación de nuestro satélite, y tuvieron que ser abandonados definitivamente a partir de la información que se extrajo del análisis de las primeras rocas lunares. Con los datos disponibles hoy en día, sabemos que ninguno de los tres es correcto: nos lo dicen las rocas a través del análisis de su composición química y de sus mecanismos de formación.

Para empezar, todos los cuerpos planetarios y grupos de meteoritos del sistema solar muestran diferencias fundamentales entre sí en el contenido isotópico de oxígeno, cromo, titanio y wolframio. Las excepciones son la Tierra y la Luna. Porque son idénticas. Además, la Luna no se formó a la vez que el resto del material similar que conocemos del sistema solar, lo hizo más tarde, entre treinta y doscientos millones de años después. Pero, para poder contar esta historia, antes necesitamos extendernos un poco sobre los isótopos y la radiactividad.

Isótopos

Como hemos dicho, Luna y Tierra están hechas de lo mismo. Al menos, eso es lo que hemos aprendido a partir del material recogido en la superficie lunar y de los isótopos. Algunos de los elementos químicos contenidos en las rocas (por ejemplo, el oxígeno) nos dan información fundamental porque acotan las escalas de tiempo. Cuando los geólogos aíslan esos elementos de la roca, los someten a un escrutinio similar al que harían para verles las amígdalas, si tuvieran. «Abre la boca», les dicen los geólogos a las muestras, y a continuación les meten la espátula hasta el núcleo para pesarlos y contar cuántos neutrones tienen.

Los isótopos de un elemento (la palabra viene del griego y significa «en el mismo sitio») son idénticos entre sí en cuanto a sus propiedades químicas, pero tienen diferente número de neutrones (partículas sin carga eléctrica) en el núcleo. Los isótopos de un elemento están *en el mismo lugar* que el que ocupa el elemento en la tabla periódica. Si tomamos el caso más sencillo, el del átomo de hidrógeno, veremos que tiene tres isótopos naturales, el protio, el deuterio y el tritio. Los tres se comportan químicamente como el hidrógeno (tienen el mismo número de cargas positivas o protones), pero difieren en el número de neutrones. El más ligero es el protio, el más abundante en la naturaleza, que solo tiene una partícula en el núcleo, el protón ^{1}H. El deuterio contiene un protón y además un neutrón ^{2}H. Mientras que el tritio tiene dos neutrones ^{3}H (y, por supuesto, un protón).

Vemos que la cuenta del número de partículas que llevan en el núcleo nos la da la pequeña cifra a la izquierda del elemento. Y aquí comienza la parte interesante: mientras que al deuterio le gusta ser como es, estable, no le ocurre lo mismo al tritio. En unos 12,32 años aproximadamente, a uno de cada dos átomos de tritio le da por hacerse una desintegración beta y se transforma en otro elemento. El tritio nunca volverá a ser el mismo: se convierte en ^{3}He (helio-3)[30]. Pero ¿cómo lo hace? ¿Necesitamos un reactor nuclear, golpearlo con algo, someterlo a cirugía? No; simplemente, el tritio (^{3}H) se siente más cómodo siendo helio-3, y para ello transforma uno de sus neutrones en un protón, algo en lo que tarda 12,32 años; un proceso en el que interviene uno de los cuatro fantásticos de la naturaleza, una de las cuatro fuerzas fundamentales: la nuclear débil, responsable de la desintegración radiactiva.

La radiactividad natural, o desintegración radiactiva, se puede entender como un núcleo atómico haciéndose un Marie Kondo[31]. Hay determinadas combinaciones en el núcleo que a los átomos les resultan incómodas, se producen en la naturaleza pero son lo que llamamos inestables. Y dependiendo de cómo necesiten deshacerse de partículas para estabilizarse encontramos los diferentes tipos de desintegración radiactiva. El resultado es un núcleo que tiende a ser más estable y que, además, si la desintegración es del

[30] El número tres del nombre ^{3}He, o helio-3, nos dice que tiene tres partículas en el núcleo. Como, para ser helio, solo necesita dos protones, eso nos indica que la tercera partícula ha de ser un neutrón. La superficie de la Luna es rica en helio-3 porque el viento solar lo ha depositado allí durante millones de años. En la Tierra hay muy poco en la superficie, debido a que el campo magnético y la atmósfera terrestre no le permiten interactuar con el viento solar. La desintegración del tritio es otra fuente de helio-3, un elemento que ha sido señalado como posible combustible alternativo.

[31] Método desarrollado por la famosa autora japonesa Marie Kondo que te ayuda a organizar tu vida, digo, tu casa, deshaciéndote de lo que sobra. El pilar fundamental se basa en tirar, conservando solo lo imprescindible y lo que nos hace felices. Algo que, según apunta la autora, debe hacerse de una sola vez y sin abandonar la tarea a medias.

tipo alfa o beta, se habrá transformado al final del proceso en otro elemento químico.

El contenido isotópico de los elementos químicos se puede utilizar como un reloj. El tiempo que tardan la mitad de los núcleos (padres) en soltar lo que les sobra para convertirse en los núcleos hija (los productos) es lo que llamamos vida media. Los núcleos inestables tienen vidas medias muy diferentes, pueden ir de los segundos a los millones de años, y esta propiedad es precisamente la que se utiliza para medir la edad de las cosas, ya sean pigmentos en tapices o cuadros antiguos, fósiles, huesos, dientes o rocas lunares.

Como ejemplo de cómo funciona la vida media, tomemos un elemento químico bastante famoso, el radio[32], descubierto por el matrimonio Curie. El radio tiene 33 isótopos, todos ellos radiactivos. El más común es el más longevo, el ^{226}Ra, que tiene una vida media de 1.600 años. Eso quiere decir que, de un kilogramo de ^{226}Ra, en 1.600 años solo nos quedaría la mitad, porque la otra mitad se habría transformado en radón (^{222}Rn). El radón, a su vez, tiene una vida media de 3,2 días, porque en ese poco tiempo se transforma en polonio (^{218}Po). En general, se puede llegar a un elemento por varias vías, de ahí que unos elementos nos sean más útiles que otros a la hora de hacer dataciones con isótopos. Y luego están sus efectos: por ejemplo, el gas radón, que proviene de la desintegración radiactiva natural del uranio presente en suelos y rocas, es la segunda causa más importante de cáncer de pulmón, después del tabaco.

---

[32] El radio que se usaba como pintura fluorescente para los diales de los relojes fue la causa de la muerte de las conocidas como «chicas del radio», que ingirieron sistemáticamente este elemento tras chupar los pinceles para que tuviesen una punta más fina. A pesar de que se conocían los efectos nocivos que tenía la radiación que emitía el radio para la salud, los empleadores no protegieron a las chicas. Hoy en día se utilizan otros elementos químicos como fluorescentes que o bien no emiten radiación o si lo hacen es de baja energía (véase Kate Moore, *Las chicas del radio*, Capitán Swing, 2018).

La desintegración natural de isótopos radiactivos es, pues, nuestro reloj para medir escalas de tiempo inmensas. Solo hay que elegir elementos químicos con vidas medias muy muy largas y ver en qué proporción se encuentran en la roca, lo que nos dirá el tiempo transcurrido desde su formación. El elemento químico de número 74 en la tabla periódica (conocido como tungsteno o wolframio, W) es particularmente útil para informarnos del proceso de formación de la Luna. El cronómetro ^{182}Hf-^{182}W (o dicho en palabras, la transformación por desintegración beta negativa del isótopo 182 del hafnio con 72 protones, en el isótopo 182 del wolframio con 74 protones) tiene una vida media de 8,9 millones de años y, aunque ambos elementos químicos tienen detrás historias tremendamente humanas y fascinantes, vamos a quedarnos un momento con el wolframio de la Tierra, antes de regresar con él de nuevo a la Luna.

Wolframio, tungsteno y dos de Logroño

El confuso tungsteno, al que a partir de ahora llamaremos wolframio[33], lleva el ^{128}W a sus espaldas, lo cual quiere decir que su núcleo lo forman 128 partículas amarradas entre sí por otra de las cuatro fuerzas fundamentales, la nuclear fuerte. De esas 128 partículas del núcleo, 54 son neutrones, partículas sin carga que lo dotan de estabilidad (otra de las cuatro fuerzas fundamentales es la electrostática, que afirma que a las partículas con la misma

[33] La IUPAC (Unión Internacional de Química Pura y Aplicada) denomina al elemento 74 de la tabla periódica, de símbolo W, como *tungsten* (en español, tungsteno). Ni los miembros españoles de la IUPAC ni la RSEQ (Real Sociedad Española de Química) aceptan esta denominación, y siguen considerando el nombre original *wolfram* (wolframio) como el correcto. En Latinoamérica, el elemento 74 suele ser conocido como tungsteno.

carga no les gusta estar juntas). El resto son los 74 protones que lo dotan de sus propiedades químicas.

Pero ¿qué propiedades especiales puede tener algo con un nombre tan raro como es el de wolframio para aparecer en las listas de productos de primera necesidad para la supervivencia en los Estados Unidos? Pues, entre otras cosas, contar con el punto de fusión más alto de todos los metales y el de ebullición más elevado de todos los elementos químicos de la tabla periódica. Por eso se hacen con él herramientas para cortar. Sin el elemento 74 de la tabla periódica, no se podría fabricar maquinaria barata.

Y como producto fundamental en la producción industrial moderna, triste pero automáticamente, pasa a ocupar un puesto en listas infames como la de los minerales de conflicto, también conocidos como 3TG (*tin, tungsten, tantalum* y *gold* por sus siglas en inglés; o sea, tantalio, estaño, wolframio y oro). Un mineral de conflicto es aquel cuya extracción beneficia directa o indirectamente a grupos armados. El coltán, del que se extrae el tantalio, es uno de esos minerales de conflicto, y la consecuencia, entre otras, son los millones de muertos que llevamos de la mano en nuestros teléfonos móviles.

Hablando de conflictos, y de los grandes, vayamos por un momento al cine. En la película *Casablanca* (Michael Curtiz, 1942) aparece bien retratada la posición neutral que mantuvo Portugal en la Segunda Guerra Mundial. En el Rick's Cafe de esa ciudad (hoy marroquí, pero por entonces colonia francesa), esperaban refugiados de toda Europa el permiso que desde Lisboa les permitiría cruzar el Atlántico (aunque es bien sabido que Casablanca era, en realidad, la ciudad de Tánger, y que la línea del teléfono rojo[34]

---

[34] El teléfono rojo, que en realidad era negro, era una línea directa de comunicación entre la Casa Blanca y el Kremlin instalada en 1963 tras la Crisis de los Misiles. Era una línea de comunicación por cable, que unía a Washington con Moscú a través de Londres y Helsinki, y que contaba con un enlace redundante por radio a través de Tánger. Fue usado, entre otros casos, en la guerra de los Seis Días

pasó años después por allí). La neutralidad de Portugal permitía el salto a las Américas y la película, que inicialmente fue concebida como propaganda bélica, acabó convertida en el comienzo de una larga amistad, o en una de las historias de amor perdido más famosas del cine. El amor y la guerra.

El caso es que el mismo Portugal, que por un lado daba refugio a los que querían escapar al otro lado del océano de una Europa ocupada por Alemania, por el otro alimentaba la maquinaria de guerra nazi con las reservas de wolframio de sus minas de Panasqueira. Y esto ya no es cine, es real. De Panasqueira, una de las mayores explotaciones de wolframio del mundo (a 300 kilómetros al noroeste de Lisboa y a 460 al oeste de Madrid) se llegaron a extraer 1.300 toneladas al día, y el número de trabajadores pasó de 750 en 1934 a 10.540 en 1943). El precio escaló en el momento en que Alemania comenzó a acumularlo para la fabricación de herramientas como cabezas de sierra o de proyectiles capaces de derribar tanques, los llamados perforadores de energía cinética.

En 1941, Hitler ordenó a sus ministros conseguir todo el wolframio posible, y de Panasqueira salían hacia Alemania (pero también hacia Inglaterra) toneladas de ese material. Los trenes atravesaban sin trabas una península gobernada por las dictaduras neutrales de Salazar y Franco, y desde allí llegaban hasta la Francia ocupada. Los convoyes regresaban cargados con el oro que enriquecía las arcas del dictador Antonio Salazar y las de los bancos suizos[35]. El precio del mineral cayó en picado al fin de la Segunda Guerra Mundial para volver a recuperarse temporalmente durante el conflicto de Corea, en 1950.

---

entre Egipto e Israel (1967), en el conflicto entre India y Pakistán (1971), en la guerra de Yom Kipur (1973), en la invasión de Chipre por Turquía (1974), en la de Afganistán por la Unión Soviética (1978) y, varias veces, durante la guerra del Líbano, en 1982, y en la crisis de Polonia, entre 1981 y 1983.

[35] Véase Sam Kean, *La cuchara menguante* (Ariel, 2011).

La fascinante historia del mineral y de su extraña doble identidad (tungsteno o wolframio) había empezado a finales del siglo XVIII con dos hermanos de Logroño, Juan José y Fausto Elhuyar, o Delhuyar, sus descubridores. Los hermanos, que se llevaban poco más de un año, sintetizaron por primera vez el nuevo elemento en 1783 y lo llamaron wolframio. Y como en casi todas las buenas historias de descubrimientos, intervino en gran parte la casualidad (y también los militares).

En 1765, el rey Carlos III había constituido la Real Sociedad Bascongada de los Amigos del País. Básicamente, se trataba de un grupo de intelectuales vascos que se reunieron bajo el liderazgo del conde de Peñaflorida y que se habían marcado como objetivo la modernización de la industria del hierro en España. Cuando el ministro de la Armada de la época, Pedro González de Castejón, interesado en mejorar la fabricación de los cañones españoles, que eran de bastante peor calidad que los que se hacían en cualquier otra parte de Europa, pidió consejo a la Sociedad, esta decidió enviar becado a Juan José, el mayor y más tímido de los hermanos, a estudiar ingeniería de minas y metalurgia en la Escuela de Minas de Freiberg (los hermanos ya habían estudiado previamente en París). La beca estaba financiada por la Armada, y Juan José tenía la misión secreta de aprender todo lo posible acerca de la tecnología de fabricación de cañones del norte de Europa. Y así se puso en marcha una misión de espionaje científico-militar motivada por la tecnología militar de la época. A los militares les mueve más el lanzamiento de proyectiles que a los monos los plátanos.

La misma sociedad que había enviado al mayor de los Delhuyar a aprender cómo construían cañones los europeos fundó el Real Seminario Patriótico de Vergara en 1777, la primera universidad técnica del país, y decidió nombrar al menor, Fausto, para que ocupase la cátedra de Mineralogía. Fausto aceptó con la condición de que le dejaran simultanearlo con estudios avanzados de geología y mineralogía en Alemania y Austria, donde acompañó a su hermano en las visitas a minas y fábricas (lo que nos indica que ambos hermanos parecían pertenecer a esa clase de especímenes en aparente extinción en la península ibérica a los que les gustaba continuar formándose ya que, cada vez que les ofrecían una plaza, solo aceptaban si venía acompañada de una beca para poder seguir estudiando).

A su vuelta, Fausto comenzó a enseñar mineralogía en Vergara en 1780, mientras que Juan José, con la excusa de que los suecos estaban haciendo mejores cañones que los ingleses, aprovechó para irse a estudiar química avanzada a la Universidad de Upsala, donde estaban investigando la composición de un mineral llamado en sueco *tung sten* («piedra dura») o scheelita (en honor al químico Carl Scheele, primero que estudió el mineral sin acertar a saber bien qué era).

Cuando Juan José regresó a España en 1782, por fin se sentó y escribió el informe que le habían encargado sobre la fabricación de cañones, y que básicamente vino a decir a los militares que los estaban haciendo mal. La poco sorprendente reacción de la Armada fue continuar fabricándolos como siempre, despedir a Juan José y negarse a pagarle los gastos de su viaje a Suecia (igual es que no les gustó cómo estaba redactado el informe). Lo del despido, visto con perspectiva, no fue del todo malo porque, al quedarse sin empleo, Juan José se marchó a Vergara[36], donde se entretuvo en el laboratorio de su hermano jugando con los experimentos con el mineral *tung sten* que había aprendido de los suecos y que en Alemania era conocido como *wolf rahm* o *wolf foam*. Así fue como

---

[36] En términos actuales se podría traducir por un «me vuelvo a casa de mis padres con dos licenciaturas, tres másteres, cuatro idiomas y experiencia laboral en el extranjero, porque me niego a trabajar, por un sueldo que solo me cubra el abono transporte, en otra empresa donde tenga que dar las gracias por darme la oportunidad de "formarme"». Lo de comentar sobre la precariedad actual en la investigación prefiero dejarlo para otro rato, por aquello de mantener el tono calmado que debe caracterizar al discurso científico.

encontraron el nuevo elemento, y de ahí también la discordia sobre su nombre.

La vida posterior de ambos hermanos continuó plagada de anécdotas curiosas. Por ejemplo, fue Fausto quien organizó el Real Seminario de Minería en Ciudad de México, considerada la primera escuela técnica del Nuevo Mundo. La primera promoción admitió a 92 estudiantes; se licenciaron 34, aunque finalmente solo quedaron 8 (esto parece una película de *Los inmortales*). Los 26 restantes fueron ejecutados más tarde por unirse a la Revolución mexicana. También fue Fausto quien recibió, en el verano de 1786, una invitación para asistir, en la ciudad de Glashütten, en Hungría, al que fue denominado primer congreso científico internacional de la materia. El anfitrión, el flamante barón Ignaz von Born, quería presentar por todo lo alto a los ingenieros de minas y metalúrgicos de toda Europa un *nuevo* método para la extracción de plata. Pero el método de nuevo no tenía nada, y Fausto se encontró con que se había desplazado hasta Hungría solo para *aprender* los detalles de una técnica que los españoles habían inventado siglo y medio antes. El mismo barón reconoció que lo había leído todo en un libro publicado en España 150 años antes por Álvaro Alonso Barba, quien había sido director de las minas de Potosí, en Perú.

Cuando la misión LCROSS (*Lunar Crater Observation and Sensing Satellite,* o Satélite de Detección y Observación de Cráteres Lunares) de la NASA hizo impactar en 2010 un cohete Centauro en una región en sombra perpetua de uno de los cráteres del sur de la Luna, el Cabeus, además de crear un nuevo cráter encontró plata en altas cantidades. Se detectaron altas concentraciones de este metal (en realidad, son trazas) y de mercurio en los 6.000 kilos de polvo lunar levantados por la colisión controlada. También se vaporizaron unos 150 kilos de agua, que se cree que probablemente habían llegado hasta allí por el impacto de cometas y meteoritos.

Durante siglos, los poetas han utilizado adjetivos derivados de la plata para calificar a nuestro satélite; incluso es la letra de una canción de los años setenta[37]. No es de extrañar, pues, que cuando tuvieron que inventar un mecanismo para acabar con los hombres lobo, se eligieran balas fabricadas con este metal. De plata afirmó Jean Chastel que eran los proyectiles que utilizó para acabar con la bestia de Gévaudan que, ayudada por la histeria popular, había aterrorizado a la región francesa del mismo nombre entre 1764 y 1767. Se le habían atribuido propiedades de lobo, hombre lobo, perro lobo, manadas de lobos y poderes sobrenaturales. La identidad de la bestia parece haber sido zanjada finalmente hace unos años: en realidad, era un león joven, y murió probablemente envenenado.

La plata no solo tiene el poder de acabar con los hombres lobo, también con algunas brujas. De plata eran también las balas que usaba el Llanero Solitario, uno de los vengadores más cultos y estoicos jamás salidos de la imaginación humana, quien, con su inseparable compañero el indio Tonto (que significa «el salvaje», pero a quien en español tuvieron que cambiar el nombre por Toro, por razones obvias), recorría el Lejano Oeste americano.

¿De dónde viene la Luna?

El primer efecto que tuvo el desembarco de rocas lunares en nuestro planeta, como hemos dicho, fue derrumbar los modelos de formación del satélite de fisión, captura y formación que hasta entonces se manejaban.

Empecemos por el modelo de fisión. Si la Luna se desgajó de la corteza de nuestro planeta, entonces las rocas lunares deberían

[37] Michael Nesmith, *Silver Moon.*

tener la misma composición de agua y la misma abundancia relativa de elementos que se vaporizan a bajas temperaturas (como el sodio y el potasio), y de otros que lo hacen a altas (titanio y aluminio), que las rocas terrestres. Pero no es así. Las rocas lunares han estado sometidas a temperaturas más elevadas que las de nuestro planeta, lo que las ha dejado empobrecidas de los elementos que hierven a bajas temperaturas, y enriquecidas relativamente de los que lo hacen a alta. Por tanto, aunque este modelo podría explicar la densidad más liviana de nuestro satélite, porque se habría formado a partir de material desgajado de nuestra corteza, nos encontramos con que no concuerda con los datos de composición química de las rocas lunares. Así, pues, lo abandonamos.

En cuanto a la posibilidad de que la Luna haya sido capturada por la Tierra, haría falta que hubiese pasado cerca de nosotros (a unos 50.000 kilómetros) y no muy rápido, para así abandonar una posible órbita solar y ser transferida a otra alrededor de nuestro planeta. Además, por la composición de las rocas lunares, sería necesario que se hubiese formado a la misma distancia del Sol que nosotros, pero que por alguna razón hubiese perdido los elementos volátiles (los que se evaporan fácilmente). Han de darse demasiados factores poco probables para hacer que este modelo concuerde con los datos. Lo abandonamos.

Finalmente, tenemos el modelo de formación simultánea que nos indica que, al igual que la Tierra se formó a partir de fragmentos que orbitaban el Sol, la Luna lo habría hecho de fragmentos más pequeños que orbitaban la Tierra. Este modelo consigue explicar por qué hay tan poca agua y elementos volátiles en las rocas lunares, debido a que el calor del Sol los habría evaporado de los fragmentos más pequeños. Sin embargo, una pieza clave tira esta teoría: el wolframio, precisamente. Lo que nos dice el análisis del que contienen las rocas es que la Luna se formó relativamente tarde si nos atenemos a su tamaño. La Luna es joven; de hecho, unos treinta millones de años más joven que el resto de los cuerpos de su tamaño en el sistema solar, que datan de hace casi 4.600 millones de años. Por tanto, abandonamos también este modelo.

El consenso actual es que ninguna de estas teorías es correcta. Lo que mejor se ajusta a toda la evidencia de que disponemos hoy en día es que la prototierra fue golpeada por un cuerpo grande, de masa cercana a la terrestre (podría ser un planeta del tamaño de Marte), de manera oblicua y con velocidad cercana a la de escape (que, como ya sabemos bien, es de 11,2 kilómetros por segundo). El impacto provocó que, a partir del material arrancado a ambos cuerpos, se formase un disco alrededor de la Tierra y que, a partir de ese disco, se formara la Luna. Esta teoría se conoce como la teoría del impacto gigante. ¿Por qué este modelo sí funciona?

Para dar una respuesta, tenemos que detenernos en los detalles sobre cómo se ha ido construyendo el puzle de la formación de la Luna. Para hacer encajar todas las piezas, cientos de miles de científicos e ingenieros han tenido que trabajar durante años (esto, de todas formas, no es garantía de que sea correcto, solo de que hemos llegado al modelo que mejor funciona con los datos disponibles actualmente). Algunas personas han aportado un granito de arena y otras toneladas, pero cada una ha contribuido al resultado final. Para llegar hasta lo que sabemos acerca del origen de la Luna ha sido necesario entender desde la estructura del átomo al nacimiento de los elementos químicos en las estrellas, la radiactividad, la formación de materiales, la astrofísica de la formación del sistema solar y los planetas, etcétera.

Pero también ha sido fundamental la pata tecnológica y todo su vertiginoso desarrollo, desde el primer telescopio a los satélites de comunicaciones, los ordenadores, el combustible líquido o los cohetes por etapas. Sin la proeza que ha supuesto mandar misiones tripuladas y robóticas a la Luna no habríamos podido obtener toda esa información. Por tanto, los detalles en los que se basa el modelo son importantes y, aunque aquí solo ofrezca algunas pinceladas, sin detenerme a hacer una revisión exhaustiva, voy a describir a grandes rasgos el tipo de argumentación basada en los datos obtenidos que soporta una teoría de formación de un objeto tan importante para nosotros como la Luna (quien no esté interesado en seguir los razonamientos científicos puede saltar a la siguiente sección, no me molestaré).

Vamos con esos detalles. Primero, el impacto a alta velocidad de un cuerpo grande contra la Tierra explica el tipo de rocas que se encontraron en la Luna, porque en el proceso el material que habría salido disparado para formar el disco habría perdido los dichosos elementos volátiles y el agua.

Segundo, si el impacto tuvo lugar contra una prototierra (esto es, una Tierra en su versión joven pero no demasiado, porque, aunque fundida, ya tendría que estar diferenciada, o sea, que los elementos más pesados ya se habrían hundido hasta el núcleo), podemos entender fácilmente tanto que la Luna tenga baja densidad como que su núcleo de hierro sea pequeño. ¿Por qué? Porque si el hierro de la Tierra ya se había hundido hasta el núcleo (en las cosas fundidas, la parte más pesada siempre se desplaza hacia abajo), entonces el material que se expulsó para formar la Luna no podía contener mucha cantidad. De hecho, los mapas de contenido férreo de nuestro satélite trazados por la sonda *Clementine* de la NASA (he de confesar que de todos los nombres de las misiones lunares, este es mi favorito, quizás porque me recuerda el olor de las mandarinas y esa canción triste de *Oh My Darlin' Clementine*, que habla de la hija de un minero) confirman que las *maria* (las zonas oscuras) se formaron a partir de la lava más rica en hierro —pero menos rica que la de la Tierra a la misma profundidad— que fluyó del interior lunar a través de las fracturas creadas posteriormente por impactos.

Tercero, sería coherente con lo que indican los datos isotópicos del wolframio que la Luna se formara treinta millones de años más tarde que los objetos de su tamaño del sistema solar. Cuarto, las rocas más viejas habrían surgido a partir de un océano de magma, lo que implicaría un comienzo muy energético en el que elementos radiactivos de corta vida que producen mucho calor (como el ^{26}Al o el ^{60}Fe, isótopos respectivamente del aluminio y del hierro) se habrían extinguido. Y quinto, explica por qué la composición de los isótopos de oxígeno en la Luna y la Tierra es absolutamente idéntica, mientras que en el resto de los asteroides y cuerpos planetarios del sistema solar tienen composiciones diferentes.

El planeta que se supone le dio el galletazo a la Tierra hace 4.540 millones de años, cuando estaba formada al 85-90%, tiene nombre, a veces lo llamamos Tea (por aquello de que llamarlo el Gran Impactor suena más impersonal). Podemos representarnos el escenario como si fuese un billar gigante, donde tenemos dos bolas que no son rígidas, Tea y la prototierra contra la que colisiona. El tamaño de Tea es lo que está más en discusión, porque el tamaño sí que importa, pues determinaría cuánto del material original de cada planeta acabaría en la Luna o en la Tierra. Si son muy diferentes en masa (del orden de uno el 5% del tamaño del otro), entonces la Luna se habría formado a partir de material proveniente, sobre todo, de Tea, lo que introduciría otra restricción adicional: que Tea tendría que haberse formado cerca de la Tierra.

Esta opción se cae por la misma razón por la que se caía el modelo de formación simultánea: porque supondría que tendrían que tener composiciones similares de determinados elementos, y eso es muy restrictivo y poco probable. La ventaja de un impactor (el cuerpo que golpea) pequeño está en que solucionaría el problema de la conservación del momento angular. Modelos con un impactor de un tamaño algo mayor, una Tea de entre el 10% y el 45% de la masa de la Tierra, se ajustarían mejor a los datos ya que, a medida que aumentamos el tamaño de Tea, las proporciones que se dan en la composición química tras el impacto son más similares en ambos objetos, y así no habría que imponer que fuesen iguales desde el principio. De nuevo son el wolframio y los isótopos de otros elementos químicos los que nos permitirán elegir entre los diferentes modelos. Uno propuesto recientemente y todavía *en prácticas* sugiere que la Luna puede ser el resultado de colisiones múltiples; cada colisión habría generado un pequeño disco, y la Luna se habría ido formando de manera secuencial, a partir de la fusión de estas lunitas más pequeñas.

Aunque no tengamos totalmente claro todavía lo que ocurrió hace más de cuatro mil millones de años, lo que sí sabemos es que, desde que hace entre 3.100 y 3.800 millones de años se solidificó la zona de las *maria,* a la Luna no le ha pasado nada más allá de impactos ocasionales de meteoros en su superficie (unos dos mil detectados entre 1969 y 1977, de entre cien gramos y cien kilos). La Luna es un mundo que ha permanecido inalterado durante más de tres mil millones de años, mientras que la Tierra ha sido modificada no solo por la geología, sino por la aparición de los primeros organismos vivos.

Hay que tener en cuenta que solo se han recogido muestras en nueve localizaciones, una fracción de menos del 5% de su superficie, y todas muy cerca del ecuador. Todavía sabemos muy poco acerca de las claves que nos proporcionarían muestras recogidas en el resto de su superficie. Casi no sabemos nada de la cara oculta, de la que no hemos traído muestras, y muy poco de los polos, que son los que más agua congelada contienen.

Eso sí, cada día aprendemos algo nuevo de nuestro vecino astronómico más cercano. Por ejemplo, mediciones tomadas recientemente en órbita lunar por el *LRO* de la NASA han encontrado moléculas de agua que saltan por la superficie, y que se cree que se forman cuando el viento solar, rico en hidrógeno, impacta con el regolito lunar, rico en oxígeno. La Luna tendría entonces, por un lado, agua primordial remanente de las rocas a partir de las cuales se formó; por otro, agua traída a la superficie por el impacto de cometas y asteroides que se conserva congelada en las zonas polares y, finalmente, un poco de agua que se formaría continuamente en la superficie por el impacto del viento solar. Fascinante.

Solo hemos tocado la superficie de todo lo que la Luna nos puede enseñar y lo único que tenemos claro es el enunciado de muchas preguntas: ¿Está la Luna completamente muerta geológicamente o todavía tiene algún volcán activo? ¿Por qué las dos caras son tan diferentes? ¿Tiene un núcleo de hierro? ¿Está fundida por dentro?

Unas preguntas a las que, de momento, solo podremos responder cuando volvamos.

La Tierra hace temblar a la Luna

La corteza lunar es monolítica y sólida, como esas capas de chocolate caliente que se colocan sobre los helados. Mejor dicho, es como las tartas de chocolate que están duras por fuera pero que, cuando las cortas, están casi fundidas por dentro. Toda la superficie la forma una única capa sólida llamada corteza y, en el interior, bajo la corteza y al igual que nuestro planeta, tiene manto y núcleo. Solo que la corteza lunar no está rota como la de la Tierra y ya no deja salir lava. El interior lunar también es mucho más rígido y menos fluido que el terrestre. La razón detrás de estas diferencias vuelve a ser el tamaño; como nuestro satélite es mucho más pequeño que la Tierra, se enfrió mucho más rápido tras su formación.

Las misiones Apolo colocaron una serie de sismómetros en la superficie lunar que han servido, entre otras cosas, para informarnos de cómo es el interior de nuestro satélite. En astrofísica, como tratamos con cuerpos muy grandes y lejanos que no podemos agujerear para ver cómo son por dentro, nos las tenemos que ingeniar estudiando cómo vibran y cómo se propagan las ondas a través de su interior. Los terremotos, los lunamotos y, en general, los modos de vibración de todos los objetos celestes, incluidas las estrellas (estudiados por la astrosismología) nos proporcionan valiosa información de su interior.

En la Luna se miden unos tres mil lunamotos al año. Son pocos y poco intensos comparados con los de la Tierra (aquí se registran cientos de miles al año). Pero, si en la Tierra se producen sobre todo por el movimiento de las placas en las que está dividida la corteza y la Luna tiene una capa única cubriendo la superficie, ¿cuál es entonces el origen de estos temblores lunares?

Los hay de varios tipos. Los térmicos se producen al calentarse y expandirse la corteza cuando sale el Sol después de dos semanas de noche lunar ultracongelada. También provocan temblores los impactos de meteoritos (las sondas terrestres que se estrellan sobre la superficie también la hacen vibrar). Pero los más poéticos, los más profundos y frecuentes, se producen a unos setecientos kilómetros por debajo de la superficie, a causa de las fuerzas de marea.

La Luna tiembla cuando estamos alineados los tres: el Sol, la Luna y la Tierra (lo que, visto desde nuestro planeta, coincide con cuando tenemos luna llena y luna nueva, pero visto desde la Luna sería estar en tierra nueva y tierra llena). La gravedad combinada de la Tierra y el Sol no solo mantiene en órbita a la Luna, también la deforma. Las mayores deformaciones de la Luna ocurren cuando estamos más cerca, en el perigeo de la órbita, y pueden llegar a medir sesenta centímetros.

Existe, además, un tipo de lunamotos superficiales (a entre 20 y 30 kilómetros de profundidad) que pueden alcanzar una intensidad 5 en la escala de Richter (el de Japón de 2011 fue de magnitud 8,9, y el terremoto de Chile de 1960, el más grande registrado en la historia de la Tierra, de 9,5 en la misma escala). La diferencia entre los terremotos y los lunamotos, aparte de su intensidad, es que los segundos son largos, muy largos. Cuando se produce una vibración en la Luna, al ser fría, seca y casi rígida (parece que estoy hablando de Castilla) no hay nada que la atenúe. En nuestro planeta, los terremotos más intensos son breves (de segundos, o como mucho de uno o dos minutos), porque la vibración se disipa rápidamente. En la Luna, estos lunamotos superficiales pueden durar más de diez minutos. Es como poner a vibrar un diapasón.

Nuestra Luna tampoco tiene campo magnético. Pero el análisis de algunas rocas muestra que sí lo tuvo en el pasado, al menos eso nos dice la alineación de materiales debida a débiles campos magnéticos detectados en las muestras de rocas lunares que se solidificaron hace miles de millones de años. Para que se produzca un campo magnético hace falta un núcleo de hierro fundido en rotación, por lo que suponemos que la Luna lo tuvo, pero al enfriarse el núcleo se solidificó, lo que le hizo perder el campo magnético. A la Luna se le ha enfriado el corazón.

La Luna derrite la Guerra Fría

Después del éxito del *Apolo 8*, y tras el fallecimiento de Serguéi Pávlovich Koroliov, el ingeniero que estaba detrás de los grandes éxitos soviéticos en el espacio, los rusos pusieron el foco en las misiones robóticas, acelerando el lanzamiento de una misión *Luna 15* que tenía como objetivo traer a la Tierra muestras de la superficie lunar. Los soviéticos, de este modo, cambiaron la estrategia, transformando la carrera espacial en una aventura del conocimiento, frente a la opción tripulada norteamericana.

Luna 15 entró en órbita lunar el 17 de julio de 1969, dos días antes que el *Apolo 11*. Su misión era recoger por vez primera una muestra de material lunar y traerla para su análisis. Estaba previsto que estuviera de vuelta en la Unión Soviética solo un día después del regreso de los astronautas del *Apolo 11*. Pero el 21 de julio, mientras a pocos kilómetros al sudoeste Aldrin y Armstrong se preparaban para despegar del mar de la Tranquilidad, *Luna 15* se la pegó contra una montaña, a casi quinientos kilómetros por hora, en el *Mare Crisium* (mar de las Crisis, que aunque pueda parecer lo contrario era un nombre ya existente, pues así lo había bautizado Giovanni Riccioli en el siglo XVII).

El accidente de la sonda soviética tuvo lugar apenas dos horas antes de que Aldrin y Armstrong despegasen de la superficie lunar. Siempre me he preguntado si los dos únicos hombres que estaban cerca sintieron o vieron algo. Lo más fascinante de la simultaneidad del *Apolo 11* y del *Luna 15* es que, a pesar de que estábamos en plenas carrera espacial y Guerra Fría, cuando la NASA tuvo miedo de que la sonda soviética interfiriese con las operaciones del *Apolo 11* y pudiera poner en peligro la vida de los astronautas, la agencia espacial rusa respondió compartiendo el plan de vuelo del *Luna 15* con ellos. Las agencias espaciales colaboraron en el espacio y esta no fue la única vez que lo hicieron durante la Guerra Fría, pero sí la primera.

Intercambio de piedras lunares entre las agencias espaciales estadounidense y soviética en plena Guerra Fría, en 1971 (NASA).

El 10 de junio de 1971, la NASA y la Academia de Ciencias Soviética intercambiaron muestras de material lunar en Moscú. La NASA recibió tres gramos de materiales recogidos por la nave soviética *Luna 16* y la Academia de Ciencias Soviética seis gramos recopilados por las tripulaciones de las misiones *Apolo 11* y *12*. En la crónica de la ceremonia de intercambio, el periódico *The New York Times* detalla cómo la muestra soviética fue entregada en un contenedor de plástico, mientras que el precioso cargamento norteamericano iba en una vasija de aluminio. Ambas eran de la Luna, así que supongo que el envoltorio tendría que ser lo de menos. El representante ruso afirmó que el intercambio había fortalecido una «antigua tradición de colaboración entre científicos» de los Estados Unidos y la Unión Soviética. La idea era que especialistas de ambos países pudiesen analizar material lunar de áreas a las que el otro país había tenido acceso. En 1971 se firmaron amplios acuerdos de colaboración científica en el espacio entre ambos países, en los que se contemplaba la consideración conjunta y el intercambio de información acerca de los objetivos y resultados de la investigación espacial por cada parte para que el otro pudiera tenerlo en cuenta: coordinación de redes de cohetes, intercambios de datos de investigación en biología y medicina espacial, estudios coordinados del océano y de la vegetación terrestre desde el espacio, etcétera. Los científicos pasaban de la Guerra Fría.

8. Luna nueva

Y así es en las más densas—Oscuridades—
Esas Noches de la Mente—
Cuando no hay Luna que nos dé un signo—
O Estrella—que salga—de ahí dentro.

Los más Valientes—avanzan a tientas—
Y a veces se dan contra un árbol
Directamente en la Frente—
Pero a medida que aprenden a ver—

O bien la Oscuridad se altera—
O algo en la vista
Se adapta a la Noche cerrada—
Y la Vida camina casi recta.

Emily Dickinson, «Nos acostumbramos a la oscuridad» (419).

En el espacio exterior hace frío. Además, está oscuro. Rusty Schweickart, astronauta del *Apolo 9*, al ser preguntado por lo que vio al contemplar el vacío mientras salía para dar su paseo, contestó que *si se lograba apartar de la vista la nave espacial y otros aparatos vivamente iluminados, solo se veían las negras honduras del espacio sideral, tachonadas con la luz de innumerables estrellas. Aunque la luz del Sol estaba presente por doquier, no incidía sobre nada en particular y, por tanto, no se veía nada. Solo oscuridad*[38].

El Sol emite luz propia, la Luna solo refleja la que le llega de él. La Luna es un espejo, y por eso los vampiros no deberían salir en noches de luna llena, ese es un grave error de la leyenda. Miremos donde miremos, del papel de este libro a tu ojo, de la Luna a tu ojo, prácticamente solo vemos luz reflejada.

Los astronautas del *Apolo 13* iban a pisar esa superficie lunar de luz reflejada, pero no pudieron hacerlo. A cambio, tuvieron la oportunidad única de viajar por el espacio sin calefacción y a oscuras. Desde el momento del famoso «Houston, hemos tenido un problema» —que fue lo que verdaderamente dijeron— hasta que regresaron a casa, tuvieron que pasar miedo. Como en algunas noches de luna nueva antes de que apareciese la electricidad, o ante el espectáculo de los eclipses antes de que comprendiésemos cómo se producen.

En esto de los eclipses hacemos falta tres: el Sol, la Luna y nosotros, la Tierra. Si nosotros (y somos muchos millones encima del planeta) nos ponemos en el medio, tenemos un eclipse de Luna. Si es la Luna la que se interpone, entonces tenemos un eclipse de Sol. Tierra y Luna tienen sombra, no les ocurre como a Peter Schlemihl, el protagonista de la historia de Von Chamisso[39], quien, tras vender su sombra al diablo, ha de esconderse de la luz para que los demás no vean su defecto. Los eclipses se deben a las sombras que generan planeta y satélite. Los eclipses de Luna solo pueden ocurrir cuando está llena y, como algo de la luz solar logra atravesar

---

[38] Arthur Zajonc, *Capturar la luz* (Atalanta, 2015).

[39] Adelbert von Chamisso, *La maravillosa historia de Peter Schlemihl* (Nórdica, 2014).

nuestra atmósfera, además de no desaparecer del todo, podemos verla rojiza. Los eclipses de Sol ocurren en luna nueva y, si no has tenido la oportunidad de ver uno, te recomiendo encarecidamente que dejes lo que estás haciendo ahora mismo, tires el libro, busques el lugar más cercano del planeta donde se vaya a producir el próximo y te organices una escapada.

La visión de un Sol que se vuelve negro sobrecoge, no es algo racional y tampoco es exactamente miedo; es otra cosa. Los humanos lloramos en respuesta a una gran cantidad de emociones, y parece que somos la única especie animal que lo hace. Dicen los chinos que los ojos guardan pequeñas vasijas llenas de agua, y que las emociones intensas pueden llegar a sacudirlas tanto que provocan que se viertan las lágrimas. El primer eclipse solar que vi provocó tal temblor en las vasijas de agua de mis ojos que acabaron volcándose. Fue hermoso, pero me perdí algunos detalles a través de ese velo húmedo.

Llamamos totalidad a ese retazo de tiempo durante el que el Sol, cubierto por completo en el cielo por la Luna, permite ver las estrellas en mitad del día. Antes de que llegue ese momento de oscuridad total la luz va cambiando, baja la temperatura, se levanta el viento y, a medida que se acerca la sombra de la Luna, toda la vida animal responde: las flores se cierran y los pájaros callan. Lo vivo se prepara para la noche.

Quien ha tenido la oportunidad de presenciar un eclipse total de Sol quiere repetir. Los cazadores de eclipses viajan por el mundo para poder ser testigos del siguiente, son personas que han construido su vida en torno a la contemplación de esa belleza estremecedora. Dura poco, como máximo siete minutos y medio, aunque la mayoría solo dos o tres, y aun así, en esos pocos instantes, es como si se concentrara la eternidad misma. Algo ancestral parece encenderse en esa repentina noche en mitad del día.

Un eclipse solar es, como digo, uno de los fenómenos naturales más conmovedores que se pueden contemplar en la superficie

94 UNE ÉCLIPSE CONJUGALE.

qui n'est, à vrai dire, qu'une représaille de la morale.

C'est grande fête aujourd'hui dans le ciel. Si vous n'avez

«Un eclipse conyugal», publicado en *Un autre monde*, J. J. Grandville, 1844 (archive.org).

de nuestro planeta (el otro es un volcán activo), pero también pone patas arriba una de nuestras certezas más sólidas, la luz diaria. Y a los humanos no nos gusta nada que nos toquen las certezas. El Sol está ahí todos y cada uno de nuestros días, brillando desde el amanecer hasta el anochecer. Desde nuestro lugar de observación en la superficie de una Tierra que gira, el Sol siempre se mueve en la misma dirección, de este a oeste, en un cielo que puede cambiar de color dependiendo de la naturaleza de las nubes o del clima, y así podemos tener días azules o grises, pero el Sol siempre recorre el mismo camino a lo largo del cielo, salvo en los círculos polares en invierno. Ni desaparece ni cambia, solo se desplaza un poco más arriba o un poco más abajo respecto a la línea que marca el horizonte, según la estación en la que nos encontremos. Si en pleno día comienza un ocaso que lo oscurece, además de conmovedor puede ser espeluznante, sobre todo si no se entiende lo que está ocurriendo.

En la tradición de muchas culturas los eclipses, tanto de Sol como de Luna, son causados por animales hambrientos. En China, y también en Corea, son perros mágicos quienes se comen a la Luna durante un eclipse lunar. Y cuando de eclipses de Sol se trata son los temibles dragones quienes lo hacen desaparecer en China, una rana según los *cherokee* o hambrientos lobos celestiales según los vikingos. En la mitología hindú prehistórica, Raju Ketu agitaba la leche del océano para extraer de ella el elixir de la inmortalidad. El dios Sol y el dios Luna se fijaron en él e informaron a quien se hallaba al mando de que estaba haciendo algo prohibido, tras lo cual le cortaron la cabeza. Raju Ketu no podía morir, pero su cabeza quedó separada de su cuerpo, y ambos se convirtieron en entidades separadas. Su cabeza llegó a ser conocida como Raju, su cuerpo como Ketu, y ambos surcan los cielos. Ketu se dedica a poner estrellas en movimiento que se convierten en cometas, pero Raju está tan obsesionado, quizás por sed de venganza, con comerse a Sol y a Luna, que continuamente intenta atraparlos y engullirlos. Solo tiene éxito a veces y cuando los alcanza se los traga, pero como su cabeza está separada de su cuerpo, simplemente se caen por el agujero donde debería estar su cuello. Los eclipses son los momentos en los que Sol y Luna desaparecen brevemente al ser engullidos por este ser inmortal descabezado que los persigue.

El remedio tradicional contra los eclipses es el mismo en muchas partes del mundo, hacer ruido. El estruendo servía para ahuyentar a los malos espíritus y así recuperar a los grandes astros para la vida cotidiana. Las mujeres y los niños de las tribus *choctaw* de América del Norte hacían todo el ruido posible cuando la ardilla negra se intentaba comer el Sol o la Luna. Y mientras que los perros acompañaban el escándalo con sus ladridos y aullidos, los guerreros se mantenían en un silencio expectante mientras observaban, apuntaban y disparaban continuamente sus rifles hasta que, finalmente, la sombra de la Luna se movía más allá del disco del Sol, o la de la Tierra desaparecía del de la luna llena. Aunque no en todos los lugares del mundo se tomaban las cosas de ese modo, y algunas culturas consideraban que lo mejor que podía hacerse en tales ocasiones era esconderse. En lo que sí han coincidido más a menudo la mayor parte de nuestras tradiciones culturales es en la identificación de los eclipses con signos que anunciaban desastres, sobre todo para los que mandaban, pero también para los que obedecían, a quienes esperaban pestes, terremotos, enfermedades o guerras.

Hasta que la ciencia moderna entendió cómo se producía el movimiento de los cuerpos en el cielo no pudimos establecer predicciones fiables, no solo acerca de la ocurrencia de los eclipses, sino de su porqué, desligándolos así del miedo que provocaban anteriormente. Quitamos una emoción, el miedo, para sustituirla por otra, la fascinación.

Movimientos

Vistos desde la Tierra, tanto el Sol como la Luna se mueven de este a oeste por el cielo. Estos movimientos similares hicieron creer a la gente que vivía en la Antigüedad que ambos cuerpos giraban alrededor de nosotros. Ahora sabemos que esto no es así, ya que tenemos muchas más maneras que antes de obtener información sobre nuestro movimiento: la Luna gira en torno a la Tierra, y la Tierra y la Luna, juntas, lo hacen alrededor del Sol. Además, hemos conseguido dejar de creernos el centro del universo; bueno, al menos así debería ser, aunque a algunos individuos les esté costando más que a otros.

Para entender el movimiento de la Tierra, las estaciones y las fases de la Luna basta con una pequeña lámpara o linterna y dos objetos redondos. Si no se ha hecho nunca, recomiendo jugar a hacer el experimento. Es mucho más satisfactorio usar las manos que ver un vídeo y, si ya sabes cómo se mueven, recomiendo saltar al siguiente apartado.

Para lo que sigue, tendremos que sacrificar una naranja (una mandarina, manzana o melón redondo también sirven, incluso una pelota de tenis). Y además de la lámpara o linterna pequeña, un palillo de comida china y un trozo de papel blanco. Hemos de dibujar algo en la naranja (ojos, orejas, edificios de tres plantas o una bailarina de polca eslovaca) y también necesitamos marcarle la cintura (esto no es opcional).

El experimento comienza clavándole el palillo a la naranja (en vertical) y encendiendo la lámpara, es mejor que la lámpara ilumine a su alrededor. Sobre todo, porque solo tenemos dos manos y las vamos a necesitar, aunque si hay alguien cerca con otras dos manos libres también podemos usarlas. Colocamos la lámpara en el centro, junto con la naranja pinchada y la hoja de papel blanco que previamente habremos arrugado.

Primero construimos un día encendiendo la lámpara y haciendo girar la naranja sobre su propio eje (o sea, el palito). Si tuviésemos la paciencia de hacerlo tan despacio como para tardar veinticuatro horas, habríamos visto cómo nuestro dibujo en la naranja pasaba del día a la noche, y otra vez al día. Podemos hacerlo tan deprisa o tan despacio como queramos. Sea como sea, habremos recreado un día terrestre en el planeta naranja.

Si ahora inclinamos el palo que le hemos clavado a la naranja 23,5º con respecto a la línea vertical, y lo volvemos a hacer girar, podremos ver cómo los días son más largos en una mitad de la naranja-Tierra que en la otra, aunque hayamos ido girando a la misma velocidad que antes. Para eso necesitábamos la cintura. Ese ángulo de inclinación del palillo explica la variación de luz que experimentamos en las estaciones.

Si queremos ver cómo funciona un año, movemos lentamente la naranja alrededor de la lámpara, manteniendo el ángulo de 23,5º de inclinación del palillo. Deberíamos tardar 365 días y un cuarto en dar la vuelta a la lámpara con la naranja, porque eso es lo que tarda la Tierra, pero si no tienes tanto tiempo puedes hacerlo más deprisa. En tu próximo cumpleaños podrás celebrar otra vuelta. Y si en algún momento estás triste porque crees que el año pasado no fuiste a ningún lugar, piensa en los 930 millones de kilómetros que recorriste en este viaje alrededor del Sol junto con el resto de los habitantes del planeta.

Con el papel arrugado construimos la Luna. Mejor hacerla pequeña y bonita. Vamos a medir un mes y a provocar eclipses. La bola blanca de papel tiene que girar alrededor de la naranja y dar una vuelta completa cada cuatro semanas, aproximadamente. Para entender sus fases solo tenemos que fijarnos en cómo se ve su iluminación desde la Tierra, perdón, desde la naranja, mientras gira.

A medida que nuestro satélite se mueve alrededor de la Tierra en su órbita, se ve iluminada de manera diferente por el Sol desde nuestro punto de observación. Así se producen las fases lunares. Cuando la Luna, en su órbita, está en la misma dirección que el

Sol, no la vemos, no está iluminada para nosotros. Es la luna nueva. En la llena se encuentra en la dirección opuesta al Sol, y la vemos completa. La Luna está en cuarto creciente cuando se mueve en su órbita desde la dirección en la que se encuentra el Sol (luna nueva) hasta que se encuentra en la opuesta a él con respecto a la Tierra (luna llena). El cuarto menguante representa el lado opuesto de la órbita. Cada cuatro semanas, aproximadamente, la Luna da una vuelta completa alrededor de la Tierra.

Si medimos esa vuelta completa con respecto a las estrellas de fondo, la órbita se completa en 27,2 días, lo que se conoce como el mes sideral. El mes lunar, o mes sinódico, es el tiempo que la Luna tarda en completar un ciclo completo de fases, y dura 29,53 días. Ese es el intervalo en el que ocurren la luna llena y la luna nueva, 29,53 días. La Luna se mueve de promedio a 1,02 kilómetros por segundo (3,672 kilómetros por hora), porque cuando está más cerca de la Tierra lo hace más rápido, y más lento cuando está más lejos.

Una vez que se entiende que las fases de la Luna se producen debido a su movimiento en torno a la Tierra es fácil, si intentamos visualizarlo, entender que tienen que producirse eclipses, ocultaciones, bien del Sol por la Luna, bien de la Luna por la Tierra, cuando los tres cuerpos están alineados. ¿Por qué, entonces, no hay un eclipse cada luna llena y cada luna nueva? La solución es que la órbita lunar tiene una pequeña inclinación de 5º con respecto a la órbita terrestre, el llamado plano de la eclíptica[40], y eso hace que solo puedan ocurrir eclipses cuando se produce el alineamiento en el espacio dentro de la línea que se forma al cortarse los dos planos de movimiento.

Cabría preguntarse también por qué los eclipses no ocurren

---

[40] La eclíptica es el plano que contiene la órbita de la Tierra alrededor del Sol y, también, la línea aparentemente recorrida por el Sol a lo largo de un año con respecto al fondo inmóvil de las estrellas.

siempre en la misma época del año. Si no ocurren cada 29 días porque los planos de las órbitas no están alineados, al menos deberían producirse eclipses siempre en la línea en que los dos planos se cruzan, o sea, en la misma época del año. La razón por la que no ocurren en las mismas fechas se debe a que la posición de la línea de nodos (la línea que marca las intersecciones de los planos) cambia con el tiempo, pues se mueve muy lentamente: tarda 18,61 años en completar una rotación completa. Por último, hay que contar con otro movimiento producido por la gravedad solar, la rotación en el plano de la órbita lunar. Esto quiere decir que si trazamos una línea imaginaria que una la Tierra y la Luna en sus puntos de máximo acercamiento y alejamiento (lo que se conoce como línea de ápsides), veríamos cómo esa línea gira en el espacio y da una vuelta completa cada 8,85 años.

Aunque la pregunta más frecuente es esta: ¿por qué le vemos siempre la misma cara a la Luna? Pudiera parecer que es porque no rota sobre su eje pero es justo al contrario; si eso fuera así, veríamos diferentes partes de la superficie de la Luna a medida que se desplazara por su órbita en torno a la Tierra. Toma cualquier objeto y hazlo girar alrededor de ti; comprobarás que, si el objeto no rota sobre su eje, irás viendo todas sus caras. La Luna gira y su periodo de rotación es igual al tiempo que tarda en darnos una vuelta completa, por eso siempre nos muestra la misma cara. Vemos un poco más de la mitad de su superficie, un 59%, porque el eje de rotación de la Luna también está inclinado con respecto a su plano orbital, unos pequeños 7°.

Habríamos podido explicar los eclipses en solo una línea si los atribuyéramos a que es un animal quien se zampa al Sol. El problema es que, aunque abrazar esta idea sea más rápido y exija menos esfuerzo, nunca podríamos predecir cuándo volverá a suceder de nuevo, y viviríamos continuamente agarrotados de miedo ante la posibilidad de que ocurriera, y bajo el control de quien nos asegure que tiene el poder de controlar a ese animal. Animal al que, incluso, acabaríamos dotando de vida y propiedades porque ese es el poder de la imaginación humana. Entender las cosas exige un esfuerzo que a veces puede resultar arduo, pero merece la pena porque nos hace más libres. Observen que no he dicho más felices: eso se dispensa a gusto del consumidor o de los neurotrasmisores.

De dioses y astros

Todo empezó por la sospecha (tal vez exagerada) de que los Dioses no sabían hablar. Siglos de vida fugitiva y feral habían atrofiado en ellos lo humano: la luna del Islam y la cruz de Roma habían sido implacables con esos prófugos. Frentes muy bajas, dentaduras amarillas, bigotes ralos de mulato o de chino y belfos bestiales publicaban la degeneración de la estirpe olímpica. Sus prendas no correspondían a una pobreza decorosa y decente sino al lujo malevo de los garitos y de los lupanares del Bajo. En un ojal sangraba un clavel; en un saco ajustado se adivinaba el bulto de una daga. Bruscamente sentimos que jugaban su última carta, que eran taimados, ignorantes y crueles como viejos animales de presa y que, si nos dejábamos ganar por el miedo o la lástima, acabarían por destruirnos.

Sacamos los pesados revólveres (de pronto hubo revólveres en el sueño) y alegremente dimos muerte a los Dioses.

Jorge Luis Borges, *Libro de sueños.*

A las cosas que no sabemos explicar les tenemos más miedo. Sobre todo, si no sabemos cuándo se van a acabar. Tuvo que ser un gran alivio cuando nos quitamos de encima la responsabilidad de causar tremendos desastres como inundaciones, eclipses, terremotos y huracanes con nuestras acciones. El cabreo de los dioses tuvo que comenzar a manifestarse de otro modo.

El cielo es más predecible que el suelo, y eso es lo que nos ha ayudado desde la Antigüedad a formalizar el método científico. La astronomía, cristalizada como ciencia y separada de la arbitrariedad de lo humano, contribuye a tomar perspectiva de nuestra existencia y su relación con el universo. Nos permite ver desde la distancia, ¡y vaya distancia!

Como el universo es un cúmulo de cosas que se comportan de modo que podemos llegar a entender, podemos anticipar cómo se van a comportar con el paso del tiempo, ese es el verdadero poder de predecir el futuro. La física sí que sabe utilizar la bola de cristal, por ejemplo, lanzando una nave con destino a Plutón en enero del 2006 y anticipando cómo, dónde y a qué velocidad se iba a encontrar con el planeta en 2015, nueve años después.

Observamos cómo las fases de la Luna se repiten siempre igual, y cómo en el movimiento de las estrellas en el cielo está escrita la regularidad de las estaciones, porque los caminos que siguen son siempre los mismos. De las aproximadamente tres mil estrellas que se ven en cada hemisferio a simple vista, solo siete se mueven de manera diferente, las errantes. Ya hemos hablado de ellas antes; incluyen al Sol, la Luna y los cinco planetas más brillantes: Mercurio, Venus, Marte, Júpiter y Saturno. Marte, Júpiter y Saturno se frenaban en el cielo, iban para atrás y volvían de nuevo a ir hacia adelante. Para entender esos movimientos con una perspectiva equivocada, con centro en la Tierra, hace falta dotar a esos objetos de movimientos muy extraños y complicados dentro de esferas y epiciclos. Se dice que el rey Alfonso X, al que llamaban el Sabio por algo, cuando le explicaron el sistema de Ptolomeo, afirmó que si el Supremo le hubiese consultado, le habría aconsejado uno más simple.

Las constelaciones (palabra que significa «grupos de estrellas») que se dibujaban en proyección en el cielo en el camino de las errantes pasaron a tener un estatus especial. Había nacido la astrología. Sabemos que las constelaciones no son asociaciones físicas de estrellas. O dicho de otro modo, las estrellas que forman una constelación no están relacionadas entre sí por ninguna fuerza o ley natural. Las relacionamos nosotros uniendo los puntos que forman en el cielo con líneas imaginarias. Son solo nuestros dibujos. Cuando el aburrimiento no estaba perseguido por ley, como lo está hoy en día, y las luces artificiales no habían destrozado la belleza de las noches, los humanos que no tenían depredadores cerca podían imaginar que las estrellas tenían formas, se peleaban, iban y venían. Las utilizaban para crear historias. Hubiésemos hecho lo mismo con las nubes, pero las nubes duran poco, son fugaces como las historias que podemos narrar con ellas. Antes de tener móviles, y si no llevábamos un libro encima, también hacíamos lo mismo en el metro, el tren o la parada del autobús. Utilizamos los personajes que tenemos más a mano, ya sean estrellas, vecinos o desconocidos, y nos inventamos una narrativa que los relaciona.

Como las estrellas no cambian su posición relativa en la escala de tiempo de la vida de los humanos, son personajes fiables. Así nacen el guerrero Orión, las osas o los carros, las Pléyades, el escorpión o los gemelos. En total, unos ochenta cuyas historias se repetían de generación en generación. Pero como las errantes, que eran especiales, se movían durante el año en proyección a lo largo de doce de esas constelaciones, estas adquirieron para la astrología el estatus especial de los signos zodiacales. El movimiento especial no es otro que la órbita de la Tierra alrededor del Sol, por eso, en proyección, todos los objetos celestes cercanos a nosotros parecen moverse en el cielo a lo largo de los signos del Zodiaco. Esos signos, que muchos creen que gobiernan nuestras vidas, son dibujos en el cielo que hacemos nosotros.

Estamos hechos del material que expulsan las estrellas cuando se apagan, esa es nuestra verdadera relación con ellas. Las historias del Zodiaco son solo eso, historias. Pero ya sabemos que a los humanos nos encantan las historias.

Resurrección

Parece ser que el culto a la Luna precedió al del Sol en casi todas las regiones del planeta. Antes de la aparición de la agricultura, y durante mucho tiempo después, ella estaba en el centro de la mayoría de las prácticas religiosas. La Luna crece, se completa, mengua y desaparece. La vida nace, crece y alcanza su plenitud, tras lo cual comienza su decadencia antes de morir. Durante tres días, aproximadamente, la Luna está muerta y el cielo oscuro, es la luna nueva. El Sol nace y muere cada día, pero no cambia. Disipa las tinieblas cada amanecer, pero no se desgasta, no envejece. La Luna, sin embargo, se trasforma cada noche, alcanza la plenitud cuando está llena, y luego se atenúa poco a poco, hasta desaparecer.

Los seres vivos con reproducción sexual estamos atrapados en un ciclo de transformación que desemboca en la muerte. La Luna, como nosotros, también muere. Se nos parece. Sin embargo, tras cada luna nueva regresa, renace para comenzar un nuevo ciclo, al tercer día *resucita* y comienza a crecer. La Luna se desgasta, pero es eterna. Entonces, ¿qué ocurre con nosotros cuando morimos? Quizás, mediante la observación de la Luna, nuestros ancestros quisieron creer que nuestra vida, como la suya, tampoco se acaba tras la muerte y que, como ella, podemos ser eternos. Las diferentes religiones se encargan de definir lo que ocurre cuando se acaba la vida. Descorazona a muchos pensar que quizás nos morimos sin más, que lo nuestro no es un ciclo, sino tan solo un billete de ida.

Como la Luna marcaba ciclos, se convirtió por analogía en el ser que los gobernaba, desde el cauce de los ríos a las mareas, el ciclo menstrual o las lluvias estacionales. Algunos de ellos, como el de las mareas, sí que están regidos por la Luna, pero el resto no; y en cuanto a la coincidencia con el ciclo menstrual de las mujeres, es algo simplemente casual. Argumentan algunos historiadores que posiblemente fuesen ellas, las mujeres, al asociarlo con el ciclo lunar, las primeras en medir el tiempo.

Como el ciclo menstrual está relacionado con la fertilidad y tiene el mismo periodo aproximado, desde muy pronto en la mitología se asoció a la Luna con la fertilidad. Se dio por hecho que la gobernaba junto con los ciclos de vida y muerte de los animales y las plantas, así como todo lo que tiene que ver con ellos, como la leche, la sangre, el semen, la savia, el agua, el destino de los seres humanos tras la muerte y las ceremonias de iniciación. Nuestros antepasados observaron el ciclo de repetición de la Luna y lo relacionaron con todos los ciclos recurrentes que veían a su alrededor. Unieron de este modo su propio destino al suyo. Un embarazo humano son 10 lunas de 28 días.

Cuentan los maoríes que, en la tierra por encima de los cielos, «la tierra del agua de la vida de los dioses», existe un lago llamado Agua Viva de Tãne que tiene el poder de devolver la vida. Cuando la Luna muere, se va al agua para restablecer su camino en los cielos.

Estela del rey sumerio Meli-Shipak ofreciendo a su hija a la diosa lunar (Museo del Louvre).

El poema sumerio del descenso de Inanna data del 1750 a. C., y es el primer mito escrito sobre la muerte y la resurrección de la Luna. La historia aparece de forma similar en la cultura babilonia y, cambiando los nombres, los personajes también aparecen en las culturas egipcia, griega y romana. Ishtar, la diosa luna, desciende al inframundo para despertar a su marido Tammuz del sueño de la muerte que le ha producido el ataque de un jabalí. Tres días después, ella también despierta y regresa como de un sueño que había dejado suspendida la vida en el mundo, hasta que recupera en siete fases la poderosa vestimenta de reina del cielo. Ishtar, Isis, Deméter, Perséfone o Cibeles representan el renacimiento de la tierra. En Egipto, a Osiris se le adoraba como señor de la luna, y gobernaba el crecimiento y decrecimiento del Nilo. A Osiris lo mata Seth y es resucitado por Isis. Jesús, el hijo de María, también fue asesinado y, tras ser enterrado, resucitó al tercer día. Su resurrección coincide con la primera luna llena después del equinoccio de primavera, que representa el renacimiento de la tierra, la fiesta de la Pascua. La Semana Santa católica cambia de fecha cada año porque se rige por el calendario lunar.

La Luna y el destino están asociados desde muy antiguo a la figura de las Moiras en la mitología clásica; tres eran las brujas de Macbeth y las romanas Parcas. Las fases de la Luna y la vida humana se personifican en un trío de figuras que crean, miden y finalizan la vida entre los griegos, los romanos, y los vikingos. Tres son también las novias de Drácula.

Desde el Averno se descendía al inframundo, ese reino invisible al que los muertos iban a parar al dejar esta tierra. Allí gobernaba Hades, Plutón para los romanos, pertrechado con su casco de invisibilidad, como la luna nueva. Parece ser que Hécate se convirtió, en la Edad Media, en la diosa de las brujas como la cara oculta de Diana. Obviamente, estaba vinculada al mundo nocturno y siempre llevaba por los cruces de caminos antorchas y unas llaves que se asocian a la magia y a la brujería.

Y con la excusa de la brujería, en menos de dos siglos cientos de miles de mujeres fueron colgadas, torturadas y quemadas vivas en Europa. Si la magia no existe, ¿por qué quemaron vivas a tantas? Esas mujeres brujas parece ser que compartían, en general, el error de haber cuestionado el orden establecido. Se dice que los griegos creían que la Luna obedecía a Aglaonice (o Aganice) de Tesalia. Aglaonice fue una de las hechiceras más famosas de la Antigüedad y su poder consistía en hacer desaparecer la Luna. En realidad, era una astrónoma capaz de predecir tanto los eclipses como su lugar de aparición. Ha pasado a la historia como bruja o hechicera y tuvo la suerte de haber nacido en la antigua Grecia porque, en el medievo europeo, el fanatismo religioso la hubiese llevado a la hoguera.

Nosotros y la Luna

Nuestra relación con ese disco variable de luz nocturna ha cambiado como si de sus fases se tratase también a lo largo de la historia humana. No es de extrañar que, a medida que vamos aprendiendo acerca del cosmos, también se vaya modificando nuestra relación con la Luna. Nuestro satélite gobierna la noche, y resulta más impresionante verla en el cielo estrellado que al Sol durante el día. Es, además, el único objeto celeste cuya superficie podemos observar en el cielo a simple vista. Plutarco, en la Grecia del siglo I, especulaba sobre la existencia de los selenitas y atribuía las manchas lunares a la sombra de grandes grietas. Cuando Aristóteles llegó y se puso a pensar, adjudicó a nuestro satélite la misma perfección que atribuía a los cielos. Las manchas en su superficie, argumentaba, solo podían ser nuestras, desde abajo nosotros hemos corrompido su perfección. De esa impuesta perfección solo libraría a la Luna el invento del telescopio.

En Samarcanda, en el actual Uzbekistán, estuvo localizado

uno de los mejores observatorios del mundo anteriores a la invención del telescopio, el observatorio de Ulugh Beg, que estuvo en activo hasta que, en 1449, fue destruido por fanáticos religiosos. Allí se fijaban las posiciones de planetas y estrellas con una precisión sin precedentes, mediante uno de los cuadrantes más grandes jamás construidos. El islam, además de utilizar un calendario lunar, corona algunas de sus mezquitas con un cuarto creciente lunar desde la conquista turca de Constantinopla.

En la época del Romanticismo, la Luna era creadora de ambientes, esa luz tenue que se cuela en los paisajes inspirando melancolía e introspección. La naturaleza era magnífica y la Luna formaba parte de ella, y así aparece en los paisajes que se pintan en el arte de toda Europa. La Luna, como el amor, podía ser platónica, se la amaba de lejos y permanecía inalcanzable. El Surrealismo recuperó a la Luna como objeto mitológico y religioso, pero ahora la mezclaba con la ciencia. La Luna ya no aterrorizaba, sino que inspiraba, ejercía un poder sobre la humanidad que se transformó en poder de la humanidad sobre ella cuando nos propusimos conquistarla.

La Luna también ha sido fundamental en el desarrollo de la ciencia. Cuando pudimos ver a través de un telescopio que Venus mostraba fases como ella, se confirmó el modelo copernicano que situaba al Sol en el centro del sistema solar. Cuando Venus mostraba la fase más llena, era más pequeño que cuando se veían los cuartos crecientes, lo cual nos confirmó que estaba más cerca del Sol visto desde la Tierra. Venus, por tanto, reflejaba la luz y giraba en torno al Sol, como la Luna en torno a la Tierra.

Newton, mito de la manzana mediante (mito que parece ser real, y de hecho todavía existe el árbol de Oxford bajo el cual estaba sentado cuando le cayó la manzana que cambiaría la historia de nuestra comprensión del mundo para siempre), entendió que, al igual que la manzana, la Luna estaba cayendo permanentemente sobre la Tierra. No nos golpea porque se mueve perpendicularmente a la dirección de la caída. La Tierra, a su vez, se precipita constantemente hacia el Sol.

Y gracias a la Luna, durante el eclipse total solar del 29 de mayo de 1919, hace cien años, se confirmó definitivamente la teoría general de la relatividad de Einstein, que afirmaba que las masas pueden desviar las trayectorias de los rayos de luz. Antes, Einstein ya había resuelto el problema del perihelio de Mercurio, explicando cómo el punto más cercano de la órbita del primer planeta con respecto al Sol cambia de posición con el tiempo. Una modificación que se desviaba sustancialmente de lo que cabía esperar a partir de las predicciones de la teoría de Newton, pero que Einstein pudo calcular con precisión. Cuando existen desviaciones en las predicciones de las teorías, quiere decir que hay algo importante que cambiar. Einstein había formulado qué era eso que había que cambiar, y el día del eclipse se zanjó definitivamente la cuestión: el espacio-tiempo es relativo y las masas lo deforman. En el transcurso de un eclipse de Sol extraordinariamente largo —seis minutos—, dos equipos de astrónomos, uno en Brasil y otro en la isla de Príncipe, en el golfo de Guinea, midieron las posiciones de un cúmulo de estrellas durante el fenómeno y las compararon con las posiciones que habían estado midiendo durante meses. La luz de esas estrellas debería ser desviada al pasar por el campo gravitatorio del Sol en su camino hacia la Tierra, y eso fue exactamente lo que se comprobó.

No hay actividad humana donde la Luna no haya dejado su huella, y puede parecer una revancha que hayamos dejado allí las nuestras para siempre. La Luna está en los mitos, en la religión, en la poesía, en la ciencia. Es territorio de conquista y de imaginación. Le hemos puesto su forma a banderas y edificios, la hemos dibujado, pintado, fotografiado, filmado, pesado, sacudido. Pero sobre todo la hemos amado, porque no creo que haya un solo ser humano en el planeta a quien la visión de nuestro satélite no conmueva de algún modo.

Nos fuimos hasta allí para entenderla. En el camino, hicimos una pausa para mirar hacia atrás, como hizo la mujer de Lot, pero, aunque vimos arder los lugares donde la gente estaba entregada a sus guerras y sus cuentos, no nos convertimos en sal. Nos hicimos más grandes porque, entonces, nos vimos como reflejados en un espejo, y así se puso en marcha la fragilidad con la que, desde entonces, percibimos la vida en nuestro planeta.

9. Aletas

La luna se convirtió en mente y entró en el corazón.

Aitareya Upanishads II, 1-4.

Nadie, a finales de los años sesenta, habría podido prever que al programa Apolo le quedara tan poca vida. El salto de Armstrong parecía realmente un primer paso que nos llevaría hacia las bases permanentes en la Luna. Pronto iríamos mucho más allá y podríamos, literalmente, tocar las estrellas. El universo entero parecía estar a la vuelta de la esquina. Pero resultó que en la celebración del logro perdimos la motivación. Las ganas de volver se quedaron olvidadas entre los restos de la fiesta. Dejamos de acosar a la Luna y pusimos nuestra atención en otro lado.

Algunos dicen que lo que ocurrió es que los norteamericanos tenían que arreglar problemas domésticos, aunque hay que decir que eso nunca les ha servido como excusa para no embarcarse en cruzadas. Otros afirman que ya habían demostrado lo que querían, ya habían ganado la carrera espacial. Sin embargo, podrían haberse planteado superar un nuevo reto: los soviéticos estaban operando robots en la Luna por control remoto desde la Tierra, ¡a principios de los setenta! Aunque es cierto que era muy poco probable que el programa pudiese mantener la atención y la financiación pública a ese nivel durante mucho más tiempo. Era una aventura demasiado lejana, que se resolvía sobre todo como una proeza científico-tecnológica. Otra cosa hubiese sido si unos selenitas nos hubiesen estado esperando con machetes, o si en la Luna hubiera petróleo.

En total, este fue el balance de aquella competición: doce hombres norteamericanos pisaron la superficie lunar, y también lo hicieron los tres *rovers* soviéticos de las misiones *Luna 16*, *20* y *24*. Aunque quedaron eclipsados por la publicidad y la maquinaria de relaciones públicas de las misiones Apolo, los vehículos llamados Lunojod recorrieron la superficie lunar durante dieciséis meses, entre 1970 y 1973. Los soviéticos habían logrado lo que se habían propuesto años antes, mandar un robot que pudiese ser operado por control remoto desde aquí. Si los norteamericanos querían poner un hombre, los rusos pondrían un autómata con el objetivo a largo plazo de crear una base permanente en la Luna. Bajo el velo de secretismo que caracterizaba los proyectos soviéticos, desarrollaron el Lunojod, un robot que parece una bañera con ruedas, tapadera y antenas pero que, a pesar de su curioso aspecto, a día de hoy todavía constituye uno de los mayores logros tecnológicos en la historia de la Unión Soviética. Y aunque incluso trajo muestras de material lunar, permanece prácticamente desconocido para el gran público. Los Lunojod fueron los pioneros en la exploración remota de superficies celestes, y serían después imitados por los famosos vehículos marcianos.

Mantener vivo y en buenas condiciones el cuerpo humano fuera de nuestro planeta es muy complicado. Además, las distancias —salvo a la Luna— son tan grandes que cualquier viaje es muy largo, comparado con el tiempo que tenemos para vivir. La buena noticia es que nuestra capacidad para explorar el espacio exterior no depende de que podamos salir físicamente de la Tierra.

Los telescopios nos permiten capturar a distancia la luz del pasado, del presente y del futuro, y al trazar la línea de puntos del tiempo construimos la historia del universo y de los objetos que contiene. Vehículos a control remoto recorren el suelo marciano, y sondas espaciales escapan hasta los confines de nuestro hogar, el sistema solar. En el camino, han logrado aterrizar en cometas y en la cara oculta de la Luna, y han fotografiado los cuerpos más lejanos y primitivos.

Estamos encontrando cosas fascinantes acerca de la naturaleza del espacio exterior sin salir apenas del espacio interior que nos proporciona la pantalla de un ordenador. Y lo compartimos en tiempo real. No hay ningún lugar del universo que yo haya visualizado ejerciendo mi profesión de astrofísica que no haya podido contemplar cualquier otro ser humano del planeta con una conexión a Internet y un ordenador. La salvedad estaría en el acceso a los entresijos de los telescopios en algunos observatorios y en que los astrónomos tenemos algunas veces, no siempre, la prerrogativa de disponer de los datos un poco antes de que sean públicos, para poder analizarlos. Imagina saber que eres la única persona en el mundo que va a contemplar un pequeño rincón del cielo por primera vez. A pesar de los dolores de cabeza —gráficos que no ajustan, fórmulas que se resisten, programas que no ejecutan— y el tedio, la burocracia, la precariedad, la soledad, merece la pena.

Todo el esfuerzo cobra sentido cuando logras alcanzar ese momento en el que sabes que tus ojos son los primeros en llegar a ese rincón del cosmos. Entonces, no puedes parar hasta que le has contado a todo el mundo lo que acabas de ver. Y lo que suele suceder es que nadie quiere escuchar, porque dicen que los científicos somos muy aburridos y grises y usamos un lenguaje exclusivo. «Fíjate en esto —digo entonces, señalando un gráfico en la pantalla— que representa a un pequeño pedazo de cielo. Parecen líneas locas que suben y bajan, pero en realidad estoy haciéndole la autopsia a una estrella que ha muerto. Falleció por exceso de masa, y nos dejó como herencia calcio para que, quizás, en algún mundo, se puedan hacer dientes».

Puede ser que, en algún futuro, recordemos con cariño este presente, lo lejos que estaba todo y lo que tardábamos en llegar a los lugares más cercanos del sistema solar. Me viene a la memoria cómo mi abuela me contaba que, cuando ella era joven, desplazarse a treinta kilómetros era un viaje muy largo. La sonda *Cassini*, que se envió a Saturno, tardó seis años en llegar. Cuando acabó la misión, en 2017, ya habían transcurrido veinte desde su lanzamiento. En general, avanzamos tan rápido que la tecnología que llevan las naves al despegar ya está prácticamente obsoleta en el momento en que llegan a su destino.

¿Regresar a la Luna?

La Luna ha vuelto a la agenda política y, con ello, a los planes de futuro de las grandes agencias espaciales. En los últimos años, el desarrollo de los programas espaciales en otros países y el interés del sector privado han colaborado en esa renovación del interés por poner de nuevo el pie en la superficie de nuestro satélite. Aunque la realidad es que no hemos dejado de visitar a nuestra vecina más próxima desde que desarrollamos la capacidad hace sesenta años. Estados Unidos, la Unión Soviética, China y la India se han posado en su superficie, mientras que Europa, Japón y Brasil la han sobrevolado.

Lo que ha cambiado en los últimos años es que esas agendas se han vuelto más ambiciosas. Hemos alargado la frase «volver a la Luna», para decir «volver a la Luna con misiones tripuladas y para establecer posibles bases permanentes». Ante esto cabe preguntarse: ¿por qué? ¿Qué es lo que ha pasado? ¿Qué ha cambiado? Pues que hemos puesto nuestra mirada más allá, en Marte, y la Luna, de repente, se ha convertido en un lugar estratégico para la exploración del espacio profundo con humanos.

La segunda pregunta sería: ¿para qué? Mucha gente piensa que es algo que ya está hecho, una prueba superada. Entonces, ¿por qué repetirlo?

Bien, la respuesta quizás debamos buscarla en nuestro día a día. Por un lado, la pregunta es pertinente; por otro, siempre me ha parecido curioso que algunos humanos que jamás se cuestionan por qué o para qué van al cine, comen sopa o juegan al bádminton, de repente tengan dudas trascendentales acerca de la inversión pública en investigación básica, uno de cuyos brazos es la astrofísica espacial. Lo cual nos devuelve al problema de por qué la ciencia y la tecnología han perdido credibilidad para muchos, algo realmente preocupante como signo de los tiempos que vivimos. Si la tecnología se desarrolla únicamente como producto de mercado y no para satisfacer necesidades, mejorar la vida de las personas o explorar nuevos horizontes del conocimiento, nos llevará inevitablemente a acentuar las diferencias de un mundo ya de por sí polarizado entre los que tienen acceso a esa tecnología y los que no. Pero, cuando se hace tanto énfasis desde los organismos que financian proyectos científicos en las aplicaciones prácticas de la investigación, ¿no estamos fomentando precisamente eso?

La ciencia básica consiste en preguntarnos el porqué de las cosas, y en las posibles respuestas pueden encontrarse los remedios que nos harán la vida mejor, más fácil o más feliz. Acabar con la muerte quizás no sea factible, pero sí alargar la vida o reducir el dolor. La ciencia básica es el cimiento sobre el que se construye el resto del edificio de la ciencia. Si la desmontamos y nos centramos solo en la ciencia aplicada, acabaremos creando exclusivamente productos para el mercado, y en el mercado, tal y como lo hemos diseñado hasta la fecha, la avaricia es la que manda. El que paga tiene, ya sea biotecnología, información o acceso a mejores tratamientos médicos. Quizás el futuro de la humanidad nos lleve a construir sociedades más éticas donde los valores que primen sean más justos socialmente, pero hasta entonces creo que es necesario que la ciencia básica se baje del tren del beneficio inmediato y que se la deje más suelta. Quizás, así, recupere el halo de bondad e independencia que parece haber perdido, en ocasiones, para la opinión pública.

Sigamos. Los viajes a la Luna que escritores de ciencia ficción como Edgar Allan Poe, Julio Verne o H. G. Wells imaginaron se nos han quedado cortos. Hemos llegado y hemos caminado sobre su superficie (no solo con las veinticuatro piernas de los astronautas de los Apolo, sino también con los pequeños robots que hicieron el viaje en sus propias naves para clavar una pala y desvelar los secretos enterrados en la Luna que, como hemos visto, son también los nuestros). Las imágenes de satélites y planetas distantes de nuestro sistema solar están listas para ser descargadas prácticamente al mismo tiempo que están disponibles en los ordenadores de los científicos que diseñan estas misiones, inmediatamente después de ser procesadas. Podemos ver qué tiempo hace en el Sol, contemplar auroras boreales en Júpiter, atravesar los anillos de Saturno, presenciar los chorros volcánicos de Ío y los de agua de Encélado, o girar hasta Ultima Thule en prácticamente tres clics. Y en solo dos, escuchar el sonido del viento en Marte. Si ya tenemos todo esto, ¿para qué haría falta ir allí con nuestros cuerpos?

Los humanos respiramos, tenemos frío, calor, hambre y necesidades, y además podemos contraer enfermedades. Y, sobre todo, nos volvemos locos en un entorno pequeño, cerrado, sin nada a lo que mirar, sin estímulos externos. Las misiones robóticas son formas más baratas y seguras de realizar la exploración del espacio profundo. Entonces, ¿qué nos mueve a complicarnos la vida y querer salir de este planeta, que es para el que estamos perfectamente adaptados? ¿La biología? ¿La emoción? Desde luego, no creo que sea la razón. Como muchas de las cosas que hacemos, la decisión probablemente no esté regida por una componente racional.

No tiene sentido saltar de puentes, tirarnos desde lo alto de aviones o desde la estratosfera con paracaídas, explorar el fondo del mar con y sin tanques de oxígeno, descender montañas a toda velocidad con dos tablas amarradas a los pies y ascender esas mismas montañas con las manos y sin cuerdas, o bajar por ríos de aguas bravas en piragua. Desde luego, no tiene ningún sentido arriesgar la vida para amarrarnos con cinturones de seguridad a inmensos tanques de combustible para ir a la estación espacial o a reparar el *Hubble*. ¿No se supone que, sobre todas las cosas, amamos la vida? ¿Por qué la arriesgamos para ir a reparar un telescopio o a hacer experimentos con moscas en ausencia de gravedad? ¿Qué necesidad hay?

Lo desconozco pero, de algún modo, todas esas cosas que no deberíamos hacer son las que nos permiten sentirnos más vivos. Puede ser que le demos más valor a la vida cuando la ponemos al límite. De lo que sí tengo la certeza es de que, mientras podamos, continuaremos haciéndolo. Siempre habrá algún ser humano lo suficientemente curioso que quiera ir más allá, saltar más rápido, más alto, más lejos. Alguien que quiera asomarse al otro lado. Siempre habrá quien se quiera tomar la pastilla azul y quien prefiera la pastilla roja.

La idea de construir en el espacio ciudades muy similares a las de la Tierra, que utilizasen energía solar y estuviesen habitadas por comunidades permanentes, apareció en los años setenta. Eran un objetivo en sí mismo que surgió, en parte, como respuesta a la crisis del petróleo de esos años y, en parte, como respuesta a un ecologismo en auge. No estaban diseñadas como pasos previos o bases de partida para la colonización de otros mundos, sino como soluciones a la presión que una población humana en crecimiento exponencial estaba imponiendo a un planeta con recursos naturales limitados. La construcción de ciudades en el espacio permitiría desarrollar tecnologías de las que se beneficiaría toda la humanidad, sobre todo sistemas generadores de energía que no fuesen contaminantes. Además, se podría sacar todo lo que contaminase fuera del planeta para protegerlo.

El futuro

La realidad es que se han hecho todavía tan pocas cosas en la Luna que casi todas las agencias espaciales tienen la oportunidad de hacer algo por primera vez. *Chandrayaan-2* es la segunda misión india y tiene como objetivo colocar un róver en la superficie. La primera misión israelí buscaba ser, además, la primera no gubernamental, y pretendía poner al módulo lunar *Beresheet* en la superficie. Aunque tenía fondos de la agencia espacial israelí, mucho del dinero de la misión provenía de donaciones privadas ejecutadas por SpaceIL, una agencia sin ánimo de lucro. Sin embargo, en abril de 2019, la misión fracasó al fallar el motor principal y precipitarse la sonda contra la superficie (añadiendo, de paso, más chatarra a la ya acumulada allí).

SpaceIL había sido fundada para competir en el Google Lunar X Prize, una iniciativa que ofrecía veinte millones de dólares al primer equipo que fuese capaz de aterrizar un róver en la Luna que enviase de vuelta un vídeo de alta definición. El premio quedó desierto, y Google retiró su dotación a principios de 2018, pero algunos de los equipos que se constituyeron para competir por él están dispuestos para ser lanzados. La japonesa iSpace tiene planes para ir en 2020.

El año 2019 amaneció con el alunizaje de la sonda espacial china *Chang'e 4* en la cara oculta. Por primera vez en la historia, una sonda lograba posarse suavemente en el lado de la Luna que nunca vemos desde la Tierra. Todo un reto tecnológico. La agencia espacial china, además, plantó allí la primera semilla (aunque murió pocas horas después), y parece ser que también tiene la intención de plantar los pies en la superficie en los próximos diez años.

En Estados Unidos, Moon Express y Astrobotic compiten por becas para mejorar su tecnología de módulos de aterrizaje lunar. Y la idea de la NASA es hacer con la Luna lo que hizo para las órbitas bajas terrestres en 2010, estimular al sector privado. Para el desarrollo de SpaceX (de Elon Musk) han sido fundamentales las becas de desarrollo tecnológico y los contratos de la NASA para llevar carga a la Estación Espacial Internacional. Otra de las ideas de la agencia norteamericana se conoce como Deep Space Gateway, y consiste en el desarrollo de una estación espacial que estaría en órbita entre la Tierra y la Luna, y que permitiría a los astronautas no solo manejar el control remoto de los vehículos, sino también bajar a la superficie.

La agencia espacial japonesa JAXA se ha aliado con una empresa automovilística para construir un vehículo presurizado sin conductor, un róver que se espera aterrice en la superficie lunar en 2030. Podría llevar a dos humanos a lo largo de una distancia de diez mil kilómetros utilizando energía solar, y tendría el tamaño de dos minibuses, con trece metros cuadrados de espacio habitable donde podrían quitarse los trajes espaciales. El vehículo llegaría a la Luna antes que la misión tripulada y viajaría a su encuentro.

En 2004, el presidente George W. Bush introdujo en la agenda política norteamericana nuevos planes para regresar a la Luna. La idea era que ese fuera el primer paso para enviar misiones tripuladas a Marte y «los mundos más allá». Para ello se cuenta con una cápsula en forma de cono que se llama Orión, un modelo de nave muy similar a las Apolo, que coloca igualmente a la tripulación en la parte alta del cohete. De este modo se aseguran de que, cuando durante el lanzamiento se van separando las sucesivas etapas, no haya riesgo de daño para la tripulación. El estudio llevado a cabo tras el accidente del *shuttle Columbia* reveló que es mejor que los astronautas no vayan en la misma parte de la nave que los sistemas de propulsión. Es demasiado arriesgado porque los fallos en el lanzamiento pueden dañar la cabina de la tripulación. Se ha llegado a la conclusión de que las de los Apolo eran realmente muy seguras, duras y compactas, y podían separarse del resto de los componentes en caso de fallos. La prueba es que, a pesar de la explosión que sufrió el *Apolo 13* camino a la Luna en abril de 1970, cuando el motor del cohete estalló completamente en la parte de atrás del módulo de servicio, aun así la cápsula pudo regresar prácticamente intacta y con los astronautas que iban en su interior a salvo.

¿Dónde colocar una base permanente?

Para la creación de bases permanentes fuera de la Tierra ayudaría el hecho de que, al menos, uno de los recursos fundamentales para la supervivencia, el agua, se pudiera encontrar *in situ*. Y en los últimos años se han descubierto hielo y otros compuestos volátiles en los polos lunares.

Representación de una posible base lunar instalada bajo el regolito (Liquifer Systems Group).

Para entender bien lo que queremos decir cuando hablamos de establecer una base permanente habitada en la Luna, es muy útil vernos a nosotros mismos como si fuésemos plantas; como ellas, necesitamos luz y agua. Probablemente, el lugar más iluminado de la Luna se encuentre en el polo sur lunar, que está en lo alto de una colina al suroeste del cráter Shackleton, según nos mostraron los datos enviados por el satélite de la Agencia Espacial Europea (ESA) *SMART-1*. Este punto recibe iluminación solar durante todo el verano del hemisferio sur lunar. Recordemos que tanto la Luna como la Tierra tienen estaciones a causa de las variaciones en la inclinación del eje de rotación con respecto al Sol. Pero, si en la Tierra esa inclinación es de 23,5º, en la Luna es de solo 1,5º, por lo que la exposición a la luz no sufriría grandes alteraciones a lo largo del año.

Ahí, pues, tendríamos la luz que necesitamos. Pero ¿y el agua? Precisamente cerca de ahí se encuentra una región que, por el contrario, sabemos que se mantiene en constante oscuridad. Y los únicos lugares de la Luna donde tenemos conocimiento de que existe agua congelada son aquellos que nunca reciben los rayos solares. Así pues, esos puntos en una noche perpetua servirían como fuentes de agua. La minería nos la proporcionaría, y la electrólisis de esa agua, que podríamos realizar mediante energía solar, nos permitiría extraer oxígeno para proporcionar soporte vital e hidrógeno para utilizarlo como combustible.

La *SMART-1* también reveló, en el polo norte, otro lugar permanentemente iluminado, situado en lo alto de una colina y que mantiene una temperatura prácticamente constante en torno a los 50 ºC. Pero, sea como sea, una base lunar ha de servir también de escudo frente a los impactos de asteroides, la radiación, las tormentas solares y los cambios extremos de temperatura. Así que lo más seguro parece ser, pues, construirla bajo la superficie, aprovechando una cueva.

La Luna es grande

Puede que el título de esta sección sorprenda al lector. Porque ¿en qué quedamos? ¿La Luna es grande o es pequeña? La verdad es que en términos absolutos no, no es grande, pero sí que lo es si la ponemos en contexto. La Luna no es un cuerpo pequeño si la comparamos con el tamaño de la Tierra, o con el de los satélites conocidos de otros planetas. En realidad, por el lugar que ocupamos en el sistema solar, lo más normal sería que no tuviésemos ningún satélite, y mucho menos uno de ese tamaño. De hecho, la nuestra es la más grande y masiva de las lunas que conocemos, si las comparamos con el tamaño de sus planetas. Podríamos decir que esta Luna nos queda grande.

Todos los planetas, excepto Mercurio y Venus, tienen satélites. Más los que son más grandes: Júpiter tiene 79; Saturno, 53; Urano, 27, y Neptuno, 14. Los planetas más pequeños, por el contrario, tienen pocos o ninguno: Mercurio, ninguno; Venus, ninguno; la Tierra, 1, y Marte, 2. Los satélites conocidos se engloban en dos grupos: el de los 7 gigantes, entre los que figura nuestra Luna, y el de los pequeños, con menos de dos mil kilómetros de diámetro y que son la mayoría, 169 en total. Cuatro de los satélites gigantes giran en torno al mayor planeta del sistema solar, Júpiter (Ío, Europa, Ganímedes y Calisto), mientras que Titán orbita a Saturno, Tritón a Neptuno y la Luna a nosotros. Como vemos, todos los satélites grandes están en planetas gigantes... salvo el que está en la Tierra. Los siete satélites gigantes son todos casi tan grandes como el planeta Mercurio, y todos ellos mundos fascinantes en sí mismos: Europa y su superficie helada; Ío, el objeto con mayor actividad geológica de todo el sistema solar; Titán y su densa atmósfera de hidrocarburos.

Así pues, en una hipotética junta de vecinos del sistema solar, podríamos fardar como pocos. Al fin y al cabo, somos el único planeta pequeño que tiene una luna grande.

Mareas

La Luna está muy cerca de la Tierra; de promedio, a 384.400 kilómetros. Como su órbita no es circular, a veces está un poco más cerca (en lo que se llama el perigeo llega a situarse a 363.300 kilómetros de distancia) y otras, un poco más lejos (a 405.500 kilómetros en el apogeo). Cuando se formó, se estima que estaba quince veces más cerca de lo que está ahora. Y aunque no había nacido nadie para poder contemplarla, las vistas debían ser espectaculares. Una Luna más cercana es una luna más grande en el cielo.

No es fácil calcular la posición exacta donde se formó nuestro satélite a partir del impacto que le dio origen. El dato depende de algunos detalles que no conocemos, pero se estima una distancia de entre veinte mil y treinta mil kilómetros de la Tierra. No pudo ser demasiado cerca (menos de dieciocho mil), porque las fuerzas de marea ejercidas por nuestro planeta la habrían roto, y no es probable que el material de la colisión a partir de la cual se formó pudiera llegar mucho más lejos.

La Tierra rota más rápido alrededor de su eje de lo que tarda la Luna en darle una vuelta, y ese detalle es fundamental para entender por qué se está alejando de nosotros desde que se formó. Imaginemos por un momento que estamos girando en un tiovivo (carrusel sería más correcto, pero la imagen de un tiovivo como atracción de feria es más sugerente). Ahora, amarremos con una cuerda la bicicleta de un amigo para que este pedalee alrededor. Si nuestro amigo es un poco vago, se moverá más lentamente en su bicicleta que el giro del tiovivo, y la cuerda siempre estará tensa y tirando de él. Visto desde el tiovivo, la bicicleta irá frenando el movimiento del tiovivo (o, en nuestro símil, la Tierra disminuiría su velocidad de rotación). Pero, visto desde la bicicleta, el tiovivo aceleraría su movimiento (la Luna aumentaría su velocidad orbital, lo que la obligaría a irse más lejos para mantener el equilibrio de su órbita). La rotación de nuestro planeta ha disminuido, por la presencia de la Luna, unos miles de segundos cada siglo (medidos con relojes atómicos), y eso hace que nuestra compañera se esté alejando de nosotros. ¿Cuánto?

Varias de las misiones que han alunizado colocaron reflectores (espejos) en la superficie. Esos espejos se han utilizado, desde entonces, para lanzar desde diferentes observatorios de la Tierra rayos láser que se reflejan en la superficie de la Luna, y que son captados de nuevo por nosotros. Al medir cuánto tiempo tarda la luz del láser en ir y volver, podemos determinar a qué distancia está la Luna. Las conclusiones son claras: cada año, está 3,8 centímetros más lejos de nosotros, así que quien lleve 26 años en este planeta ya la ha visto alejarse un metro.

Patas de peces

Lo que acabo de describir es uno de los efectos de las fuerzas de marea en el sistema Tierra-Luna. Pero, como bien sabemos por el movimiento de las masas de agua en los océanos, no es el único. La fuerza de marea lleva su nombre porque describe en la Tierra ese cambio periódico del nivel del mar. Se debe a las diferencias con que la fuerza de gravedad se deja sentir sobre los distintos puntos de un objeto. La parte de la Tierra más cercana a la Luna siente una fuerza de gravedad más intensa que la que se ejerce en el centro de la Tierra, o en la parte de nuestro planeta que está al otro lado. La Luna, en su órbita, deforma a nuestro planeta. La gravedad lunar eleva la corteza terrestre unos treinta centímetros, para luego soltarla; estira y encoge a la Tierra a medida que se desplaza por su órbita. El efecto se percibe más fácilmente en la parte líquida que se eleva en dirección a la Luna, provocando así las mareas. La fricción generada en ese proceso continuo es lo que hace que disminuya la velocidad de rotación de la Tierra.

Estamos, pues, en un planeta sometido a la acción de dos fuerzas de marea: una del Sol y otra de la Luna. Una propiedad importante de estas fuerzas es que son más intensas cuanto más cerca está el objeto. Aunque el Sol sea mucho más pesado que la Luna, lo que *a priori* podría hacernos esperar una mayor atracción gravitatoria, la Luna está mucho más cerca. Al final, lo uno compensa lo otro y, así, tenemos que el Sol y la Luna ejercen fuerzas de marea en la Tierra que son muy similares, pero no idénticas.

La marea alta y la marea baja se deben fundamentalmente a la atracción de la Luna, si bien el Sol es capaz de ejercer también su parte de influencia. En luna llena y luna nueva, cuando el Sol, la Tierra y la Luna están alineados, tenemos las mayores diferencias posibles entre las mareas altas y las bajas; es lo que llamamos mareas vivas. Cuando la Luna y el Sol forman un ángulo de noventa grados con respecto a nuestro planeta tenemos las mareas muertas, mucho menos acusadas.

Parece ser que precisamente esto, el que existan mareas en la Tierra provocadas por el Sol y la Luna, y que estas sufran variaciones a lo largo del tiempo, está detrás de que el nivel del mar no siempre llegue a la misma altura. Y esa fue una de las razones que forzó a algunos peces a abandonar el mar.

Los canguingos, acompañados de patas de peces, son el menú estrella de los hogares de la meseta castellana. Si no hay prueba de la existencia de los canguingos y los peces no tienen patas... ¿qué están comiendo en realidad los niños castellanos? Todos los tetrápodos (animales con cuatro extremidades; o sea, anfibios, reptiles y mamíferos, entre los que se encuentra la especie humana) son descendientes de los peces, pero ¿cómo lograron estos salir del mar antes de tener patas?

Las primeras huellas de tetrápodos tienen 380 millones de años de antigüedad. Eran de una criatura que no se arrastraba y, aunque no sabemos exactamente la pinta que tenía, sí que sabemos que era vertebrada (tenía espina dorsal o columna vertebral), que dejó descendientes (somos prueba de ello) y, con total seguridad, que era muy fea (aunque esto solo lo creo yo). Sin la Luna esa criatura, quizás, nunca habría abandonado el mar.

Las fuerzas de marea provocadas por el Sol llevan al agua siempre al mismo nivel cuando el punto local de la Tierra pasa por debajo. Si la Luna tuviese una apariencia más pequeña en el cielo, habría habido modulación asociada a las mareas pero muy pocos cambios de una marea a la siguiente. Sin embargo, estando donde está la Luna —y más antes que estaba más cerca—, las modulaciones en la altura del nivel del mar que provocaba eran suficientes para que el agua, al retirarse, dejara tras de sí pequeñas piscinas en las que se quedaban peces atrapados. Esos peces pertenecían a especies que se veían obligadas a esperar un mes hasta que la nueva marea alta les permitía abandonar su encierro. Así que, poco a poco, sus aletas empezaron a cambiar para así poder sujetar suficiente peso. No les quedaba otra si querían sobrevivir. De hecho (y este es un dato que me encanta), los peces de aletas lobuladas tienen en ellas los mismos huesos que la mayoría de los mamíferos y reptiles en sus brazos y piernas.

Los fósiles de tetrápodos del Devónico tardío muestran las que parecen ser las primeras criaturas que *caminaron* a cuatro patas. Las simulaciones permiten ver que la mayor parte de los grupos de esas criaturas provenía de zonas que estaban sometidas a grandes mareas. Estas simulaciones, todo hay que decirlo, son un desafío, porque el Devónico está tan alejado en el tiempo que no tenemos la certeza de cómo eran exactamente las placas continentales terrestres y, sobre todo, la profundidad del mar alrededor de ellas (las aguas poco profundas responden de manera diferente que las otras a las mareas). Pangea, el supercontinente gigante, se había roto en dos partes, Laurasia al norte y Gondwana al sur, y probablemente tenían grandes mares intercontinentales entre ellos, que se cree que debían albergar mareas impresionantes.

Así que tenemos un mundo con pozas formadas por las

mareas que son la consecuencia de un sistema de mareas moduladas y resonantes entre el Sol y la Luna, en un planeta con grandes bahías. En estas pozas coexistirían los peces normales y los de aletas lobuladas. Nosotros somos descendientes de estos últimos.

Otro dato importante: a la misma época pertenecen los primeros árboles capaces de soportar su propio peso, los Archaeopteris. Eran colosos de más de treinta metros de altura, les gustaban los humedales y dominaron la Tierra durante el periodo Devónico. Son los primeros antepasados de los árboles modernos, y también los primeros capaces de modificar el ecosistema terrestre a gran escala. Suyas fueron las primeras grandes raíces que se agarraron al suelo y también las primeras hojas, ramas y troncos que, al descomponerse, modificaron el ciclo de dióxido de carbono /oxígeno del planeta. Su materia orgánica (hojas, cortezas, esporas) acababa en los ríos, los pantanos y las pozas. Al pudrirse, producía ambientes bajos en oxígeno. Cuando los desechos de estos árboles comenzaron a ahogar a los peces en las pozas, entonces los tetrápodos que habían desarrollado la posibilidad de respirar aire y extremidades que podían cargar peso fueron capaces salir de allí y de sobrevivir. Sus aletas podían soportar peso porque la Luna los había dejado atrapados en pozas. Nuestros brazos descienden de esas aletas creadas, en cierta forma, por la Luna.

Salir del mar es difícil, entrar no. Se podría decir lo mismo de la Tierra.

La Luna es única para nosotros. Nos ayudó a salir del mar. Y cuando estábamos fuera del agua, nos enseñó a pensar. Es el único mundo suspendido en el vacío que vemos a simple vista y el único que hemos pisado. Quizás lo mejor de ir a la Luna sea poder ver desde allí la Tierra. O quizás la conquista del espacio simplemente nos consuela mientras seguimos intentando vencer al tiempo, que es realmente lo que nos interesa para no morir.

Fotograma de la película *La mujer en la Luna* (*Frau im Mond*), de Fritz Lang (1929) (Murnau Stiftung).

Yo solo sé que es más fácil encontrar el camino de regreso a casa en las noches de luna llena.

Puerto Vallarta, 31 de marzo de 2019, con la luna en cuarto menguante.

Agradecimientos

Ya sea una tesis o una novela, siempre empiezo leyendo los agradecimientos. Es mi debilidad. Creo que ahí es donde se pueden ver los entresijos de la máquina, lo que la hace funcionar, dónde tiene el corazón y las orejas, hacia dónde extiende los brazos, de qué se alimenta. Y es ahí, en la labor de dar las gracias en las cosas escritas, donde la figura del editor siempre adquiere un papel protagonista. Nunca había entendido por qué, pero es que nunca había escrito un libro. Miguel A. Delgado, te has convertido en parte de lo que me hace funcionar; así te lo digo, sin más. Con una sutilidad de mago tejes una red invisible que sujeta, alienta, alimenta y empuja. Eres la escalera con la que cualquier ser diminuto podría subir a la Luna.

Mi familia, esos seres maravillosos, los cinco fantásticos: Mariano, Gloria, Mario, Vera y Daniel. Gracias por todas y cada una de las veces en que habéis encontrado el interruptor para encender la luz cuando estaba a oscuras. Gracias, también, por todas y cada una de las veces en que me habéis dado las buenas noches.

A Mario Livio, amigo, colaborador, referente siempre; gracias. A Isabel Lerma, por estar detrás de cada punto puesto en su sitio y de enfrentarte al reto de dilucidar qué lunas van en minúscula y cuáles en mayúscula. A Elena García-Aranda y todo el equipo de HarperCollins, por creer en esta idea loca.

Al resto os voy a nombrar más por encima, porque tampoco es plan de abrirme en canal. Así que ahí va, a mogollón: Mónica Sánchez, desde la épica de aquel momento glorioso, tiempo atrás, de las magdalenas con mayonesa en lo alto de una duna; me has enseñado el camino siempre, en el tiempo y en el espacio. Eres como un faro, no dejas que me estrelle contra las rocas. Mari Gardner y Datka Lapidus, mis almas gemelas; Roman Meytin, Tamar Jacobs y Marco Chiaberge, mi familia al otro lado del charco. Loretta: te fuiste sin llevarme al *ballroom*. Alejandra y Lilliam, porque allá donde vayamos sigamos desmontando coches; vuestros (y de Leo) son ya mis lunes, los días de la Luna. Garik, Israel Calzada y Bilal, gracias. Laura e Inés, vuestras son las tablas de surf con Aperol. Iván, porque aunque parezca lo mismo, no tiene nada que ver, y Rober, porque me cuidas cada vez que me subo al trapecio. Endika, porque me enseñaste a volar. Patricia Sánchez-Blázquez, porque eres la luz en Mordor. Paolo Padovani, porque hay que dormir para construir los sueños. Rafael Gerardo, porque hemos creado un *lenguajele* lleno de secretos, también musicales. Raúl, Eli, Javi, Marta, Enrique, Nuria: sois mi referente cuando vuelvo a casa. Montse Villar, ¡yo contigo me embarcaría en cualquier cubo o paralelepípedo! Carlos Briones. Benjamín Montesinos. Antonio, Mateo, Andrea, Mario: os echo de menos siempre. Marina, Bea y Sansón. Raúl e Isa, perdón por haceros esperar. Celine, Andrzej, Álex, Arturo, Mario, Aníbal, Leticia y Jesús, por la suerte que tengo de tener colaboradores que son, además, buenos amigos.

Bibliografía

Anónimo, *El cuento del cortador de bambú,* trad. de Iván Hernández Núñez, Chidori Books, Valencia 2014.

Balbus, Steven A., «Dynamical, biological and anthropic consequences of equal lunar and solar angular radii», en *Proceeding,* Royal Society of London, núm. 470 (2014): 20140263.

Baum, R., «Franz von Paula Gruithuisen and the discovery of the polar spots of Venus», en *Journal of the British Astronomical Association,* vol. 105, núm. 3 (1995), Londres, págs. 144-147.

Bizony, Piers, *New Space Frontiers,* Zenit Press, Nueva York 2014.

Borges, Jorge Luis, *El hacedor,* DeBolsillo, Barcelona 2018.

Cashford, Jules, *La Luna. Símbolo de transformación,* trad. de Francisco López Marín, Atalanta, Gerona 2018.

Caswell, Lyman R. y Rebecca Stone Daley, «The Delhuyar Brothers, Tungsten, and Spanish Silver», en *Bull. Hist. Chem,* núm. 23 (1999), American Chemical Society, University of Illinois, pág. 11.

Chaikin, Andrew, *A man in the moon,* Penguin Books, Londres 2009.

Cordi, Maren *et al.,* «Lunar effects on sleep and the file drawer problem», en *Current biology,* vol. 24, issue 12 (2014), págs. 549-550.

Colaprete, Anthony *et al.*, «Detection of Water in the LCROSS Ejecta Plume», en *Science,* vol. 330 (2010), págs. 463-468.
Cortázar, Julio, *Rayuela,* DeBolsillo, Barcelona 2016.
Crowe, Michael J., *The Extraterrestrial Life Debate, 1750-1900*, Dover Publications, Nueva York 1999.
Cuk, Matija y Sarah T. Stewart, «Making the moon from a fast-spinning Earth: A giant impact followed by resonant despinning», en *Science,* núm. 338 (2012), pág. 1047.
Cyrano de Bergerac, Savinien de, *El otro mundo. Los estados e imperios de la luna. Los estados e imperios del sol,* trad. de Ramón Cotarelo García, Akal, Madrid 2011.
Daeschler, E. B., N. H. Shubin y F. A. Jenkins, «A Devonian tetrapod-like fish and the evolution of the tetrapod body plan», en *Nature,* núm. 440 (2006), págs. 757-763.
Dick, Thomas, *Celestial Scenery,* Edward Biddle, Filadelfia, 1845.
Dyson, Freeman, *The scientist as rebel,* The New York Review of Books, Nueva York 2008.
Eliade, Mircea, *El mito del eterno retorno,* trad. de Ricardo Anaya, Alianza, Madrid 1998.
Eugster, O., «History of Meteorites from the Moon collected in Antarctica», en *Science,* núm. 245 (1989), pág. 1197.
Federici, Silvia, *Calibán y la bruja. Mujeres, cuerpo y acumulación primitiva,* trad. de Verónica Hendel y Leopoldo Sebastián Touza, Traficantes de Sueños, Madrid 2015.
Fry, Stephen, *Mythos. The Greek Myths Retold,* Penguin Books, Londres 2018.
García Lorca, Federico, *Viaje a la Luna,* Pre-textos, Valencia 1994.
Gardner, Martin, *Fads and Fallacies in the name of science,* Dover Publications, Nueva York, 1957.
Godwin, Francis, *Aventuras de Domingo González en su extraño viaje al mundo lunar 1673,* Librería General Victoriano Suárez, Madrid 1958.

Goodman, Matthew, *The Sun and The Moon,* Basic Books, Nueva York 2008.

Halliday, Alex, «The origin of the Moon», *Science,* núm. 338 (2012), pág. 1041.

Halliday, Alex N. y Der-Chuen Lee, «Tungsten isotopes and the early development of the Earth and Moon», en Geochimica and Cosmochimica Acta, vol. 63, *issue* 23 (1999), págs. 4157-4179.

Harari, Yuval Noah, *Sapiens. De animales a dioses,* trad. de Joandomènec Ros, Debate, Barcelona 2017.

Hartung, J. B., «Was the formation of a 20-km diameter impact crater on the Moon observed on June 18, 1178?», en *Meteoritics,* núm. 11 (1976), págs. 187–194.

Harvey, Brian, *The soviet and rusian lunar exploration,* Praxis Publishing, Chichester 2007.

Hevelius, Johannes, *Selenographia: sive Lunae descriptio 1647,* Library of the Polish Academy of Science.

Hörbiger, Hanns y Philipp Fauth, *Hörbigers Glacial-Kosmogonie,* Kayser, Múnich 1913.

Israelian, Garik y Brian May (eds.), *Starmus. 50 years of Man in Space,* Starmus 2014.

Kaufmann, William J. y Roger A. Freedman, *Universe,* W. H. Freeman and Company, Nueva York 1999.

Kean, Sam, *El último aliento del César,* trad. de Joan Lluís Riera, Ariel, Barcelona 2018.

—, *The disappearing Spoon,* Back Day Books, Nueva York 2011 [*La cuchara menguante,* trad. de Joan Lluís Riera, Ariel, Barcelona 2017].

Kruijer, Thomas S. y Thorsten Kleine, «Tunsten Isotopes and the origin of the Moon», en *Earth and Planetary Science Letters,* núm. 475 (2017), págs. 15-24.

Laurgerg, Marie, Anja Andersen, Stephen C. Petersen, E. C. Krupp y Laerke Jorgensen (eds.), *The Moon From inner Worlds to Outer Space,* Narayana Press, Dinamarca 2018.

Marshack, Alexander, *The Roots of Civilization: The Cognitive Beginnings of Man's First Art, Symbol and Notation,* McGraw-Hill Companies, Nueva York 1991.

Massey, Robert y Alexandra Loske, *Moon. Art, Science, Culture,* Octopus Publishing Group, Londres 2018.

McCall, G. J. H., A. J. Bowden y R. J. Howarth (eds.), *The History of Meteoritics and Key Meteorite Collections: Fireballs, Falls and Finds,* GSL Special Publications, Londres 2006.

Morota, Tomokatsu *et al.,* «Formation age of the lunar crater Giordano Bruno», en *Meteoritics & Planetary Science,* vol. 44, núm. 8 (2009), págs. 1115–1120.

Packer, Craig, Alexandra Swanson, Dennis Ikanda y Hadas Kushnir, «Fear of darkness, the full moon and the nocturnal ecology of African lions», en *Plos One,* núm. 6 (2011): e22285.

Petronio, *El Satiricón,* trad. de José Carlos Miralles Maldonado, Alianza, Madrid 2014.

Plath, Sylvia, *Ariel,* trad. de Ramón Buenaventura, Hiperión, Madrid 2016.

Plutarco, *De defectu oraculorum,* trad. revisada por William W. Goodwin, Little, Brown and Co., Boston 1874.

Poe, Edgar Allan, *La incomparable aventura de un tal Hans Pfaall,* trad. de Aníbal Ricardo Summers y Álvaro Froufe, obra completa, vol. X, Edaf, Madrid 2006.

Raison, Charles, H. M. Klein y M. Steckler, «The moon and madness reconsidered», en *Journal of Affective Disorders,* núm. 53 (1999), págs. 99-106.

Randall, Lisa, *La materia oscura y los dinosaurios,* trad. de Javier García Sanz, Acantilado, Barcelona 2016.

Rovelli, Carlo, *El orden del tiempo,* trad. de Francisco J. Ramos Mena, Anagrama, Barcelona 2018.

Schröeter, John Jerome, «Observations on the atmospheres of Venus and the Moon, their respective densities, perpendicular heights, and the Twilight occasioned by them», en

Philosophical Transactions, Royal Society of London, núm. 82 (1792).

Scott, David Meerman y Richard Jurek, *Marketing the Moon,* The MIT Press, Cambridge Massachusetts 2014.

Schultz, Peter H. *et al.,* «The LCROSS Cratering Experiment», en *Science,* vol. 330 (2010), págs. 468-472.

Shakespeare, William, *Otelo,* trad. Luis Astrana Marín, Alianza, Madrid 2012.

Shetterly, Margot Lee, *Figuras ocultas,* trad. Carlos Ramos Malavé, HarperCollins, Madrid 2016.

Sivertsen, Barbara J., *The Parting of the Sea How Volcanoes, Earthquakes, and Plagues Shaped the Story of Exodus,* Princeton University Press, Nueva Jersey 2011.

Smil, Vaclav, *The Earths Biosphere: Evolution, Dynamics, Change,* The MIT Press, Cambridge Massachusetts 2003.

Taake, Karl-Hans, *The Gévaudan Tragedy: The Disastrous Campaign of a Deported 'Beast',* trad. del autor revisada por Vera Shelton, Kindle edition, 2015.

Van Gent, R. H. y A. Van Helden, «Lunar, Solar, and Planetary Representations to 1650», en *The History of Renaissance Cartography: Interpretive Essays,* University of Chicago Press, vol. III (2007), parte I, cap. 5.

Velikovski, Immanuel, *Worlds In Collision,* The Macmillan Company, Nueva York 1950.

Verne, Julio, *De la Tierra a la Luna,* trad. Marta Alemán Ontalba, Anaya, Madrid 2009.

Vertesi, J., «Picturing the Moon: Hevelius's and Riccioli's visual debate», en *Studies in History and Philosophy of Science,* núm. 38 (2007), págs. 401-421.

Vonnegut, Kurt, *Las sirenas de Titán,* trad. de Aurora Bernárdez, Minotauro, Barcelona 2004.

Walker, Matthew, PhD, *Why we Sleep,* Scribner, Nueva York 2017.

Wallace, David Foster, *La broma infinita,* trad. de Marcelo Covián revisada por Javier Calvo, DeBolsillo, Barcelona 2013.
Zajonc, Arthur, *Capturar la luz,* trad. de Francisco López Martín, Atalanta, Gerona 2015.

Apuntes biográficos

Eva Villaver, autora de la obra, es doctora en Astrofísica, trabaja en el estudio de cómo se apagan lentamente las estrellas más comunes, y cómo su muerte afecta a sistemas planetarios como el nuestro. Comenzó su carrera científica en el Instituto de Astrofísica de Canarias, donde realizó su tesis doctoral. En 2001 se incorporó como *postdoc* de la NASA en el Instituto Científico del Telescopio Espacial Hubble para trabajar sobre las estrellas más calientes que existen en las Nubes de Magallanes. En 2004 fue contratada por la Agencia Espacial Europea en el *Hubble,* donde trabajó en la división de política científica como responsable del tiempo del director y de los comités de asignación de tiempo. Regresó a España en el 2009 con un contrato Ramón y Cajal, y en 2010 obtuvo una prestigiosa beca de Investigación Europea IRG del programa Marie Curie 2010-2014. En el año 2013 fue contratada como profesora permanente en la Universidad Autónoma de Madrid, donde compagina su trabajo de investigación con la docencia universitaria.

Miguel A. Delgado, el editor de la obra, es periodista, escritor, comisario de exposiciones y divulgador científico. Su última novela es *Las calculadoras de estrellas*, y su última exposición, *La bailarina del futuro*, para la Fundación Telefónica.

Mario Livio, el prologuista, es astrofísico, autor de *La proporción áurea.*